高等职业教育自动化类专业系列教材

工业机器人电气装调与维护

主　编　黄　河　覃智广　沈　涛
副主编　陈洪容　鲁庆东
参　编　曾　欣　串俊刚　张锐丽
　　　　蒋世应　李萍瑛　赵恒博
主　审　阳彦雄　蒋荣良

中国轻工业出版社

图书在版编目（CIP）数据

工业机器人电气装调与维护/黄河，覃智广，沈涛主编.—北京：中国轻工业出版社，2021.10
高等职业教育自动化类专业系列教材
ISBN 978-7-5184-3197-7

Ⅰ.①工…　Ⅱ.①黄…②覃…③沈…　Ⅲ.①工业机器人-电气系统-安装-高等职业教育-教材②工业机器人-电气系统-调试方法-高等职业教育-教材③工业机器人-电气系统-维修-高等职业教育-教材　Ⅳ.①TP242.2

中国版本图书馆 CIP 数据核字（2020）第 180183 号

责任编辑：张文佳　宋　博
策划编辑：张文佳　　责任终审：李建华　　封面设计：锋尚设计
版式设计：霸　州　　责任校对：吴大朋　　责任监印：张　可

出版发行：中国轻工业出版社（北京东长安街 6 号，邮编：100740）
印　　刷：三河市国英印务有限公司
经　　销：各地新华书店
版　　次：2021 年 10 月第 1 版第 1 次印刷
开　　本：787×1092　1/16　印张：8.5
字　　数：200 千字
书　　号：ISBN 978-7-5184-3197-7　定价：35.00 元
邮购电话：010-65241695
发行电话：010-85119835　　传真：85113293
网　　址：http://www.chlip.com.cn
Email：club@chlip.com.cn
如发现图书残缺请与我社邮购联系调换
210213J2C102ZBW

前　言

本书是在对工业机器人相关专业岗位上岗人员能力要求的广泛调研的基础上，以及在企业技术人员、技术骨干和能工巧匠的共同指导和参与下编写完成的，旨在使学习者能够掌握工业机器人技术及相关专业岗位所需的知识、技能和职业素质。

本书编写遵循高职教育教学规律，以职业岗位需求为原则，依据工业机器人技术及相关专业岗位所需的知识、能力和素质，按照职业资格标准要求，通过企业岗位典型工作任务分析，结合工业机器人技术的发展方向，项目设置按照从简单到复杂的顺序。本书共开发了8个项目，其中项目1工业机器人电气控制系统的安装，重点以华数工业六轴机器人HSR-608型电气控制系统作拆装实训平台为例讲解工业机器人电气控制系统的硬件组成；项目2工业机器人驱动与控制系统的调试，重点讲解了工业机器人的液压驱动系统、气动驱动系统、电动驱动系统；项目3工业机器人的信号采集及通信，重点通过光电传感器、磁性传感器等实现工业机器人运行到位信号检测，通过视觉传感器进行产品的检验检测，通过条码、RFID等实现产品信息的存取；项目4工业机器人常用辅助控制电器元件的安装和接线，重点讲解工业机器人常用的主令电器、断路保护装置、控制变压器、开关电源等辅助控制元件；项目5工业机器人电气装配，重点讲解工业机器人常用检测工具、线束的制作以及工业机器人电控柜、气动回路、电气回路等的安装；项目6工业机器人电气调试，重点讲解信号采集、伺服、气动、电气等电路以及机器人示教器的调试；项目7工业机器人电气维修，重点讲解PLC、伺服驱动器、通信、电气等故障的检修；项目8工业机器人电气保养与维护，重点讲解工业机器人电气的日常保养和维护。

本书由黄河、覃智广、沈涛任主编；全书由宜宾职业技术学院的教授阳彦雄及重庆华数机器人有限公司高级工程师蒋荣良主审，陈洪容、鲁庆东任副主编；曾欣、串俊刚、张锐丽、蒋世应、李萍瑛、赵恒博参编。其中，项目1由覃智广、沈涛编写，项目2由覃智广、李萍瑛、串俊刚编写，项目3由黄河、陈洪容、鲁庆东编写，项目4由覃智广、陈洪容、张锐丽编写，项目5由覃智广、赵恒博、曾欣编写，项目6由陈洪容、鲁庆东、黄河编写，项目7由覃智广、黄河编写，项目8由蒋世应、沈涛编写。

在本书的编写过程中，学院领导和老师提出了很多宝贵的意见和修改建议，同时也得到了重庆华数机器人有限公司的大力支持，在此表示衷心的感谢。

由于编者水平有限，书中难免存在不足之处，恳请读者批评指正，以便修订时改进。

编者

目　录

项目1 工业机器人电气控制系统的安装

任务 1　工业机器人电气控制系统的硬件

 任务描述

完成工业机器人电气控制系统的硬件组成的识别。

 任务能力目标

1）了解工业机器人电气控制系统的硬件组成；

2）掌握工业机器人电气控制系统的各个硬件的功能作用。

 实施过程

1.1.1　工业机器人电气控制系统的组成

以华数工业六轴机器人 HSR-608 型电气控制系统拆装实训平台为例，工业机器人电气控制系统的结构主要分为两大部分：

1）桌体支撑系统，主要是由型材和钣金制成的可分装的模块化实训桌体。

2）机器人电气控制系统，包含安装在实训桌左侧柜体的六轴机器人电气元件面板按钮开关操作面板、示教器、PLC 程序监控显示器、电动机安装面板。

电气控制系统拆装实训平台总体视图如图 1-1 所示。

电气控制系统拆装实训平台系统构成

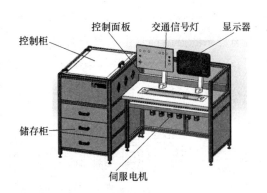

图 1-1　电气控制系统拆装实训平台总体视图

1

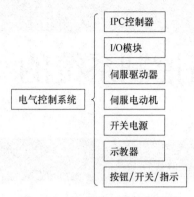

图 1-2　电气控制系统拆装实训
平台系统组成

如图 1-2 所示。

工业机器人电气控制系统如图 1-3 所示，IPC 控制器、PLC 控制器和伺服驱动器是通过 NCUC 总线连接到一起，完成相互之间的通信工作。IPC 控制器是整个总线系统的主站，PLC 控制器与伺服驱动器是从站。NCUC 总线接线是从 IPC 控制器的 PORT0 口开始，连接到第一个从站的 IN 口，第一个从站 OUT 口出来的信号接入下一从站的 IN 口，以此类推，逐个相连，把各个从站串联起来，最后一个从站的 OUT 口连接到主站 IPC 控制器的 PORT3 口上，就完成了总线的连接。

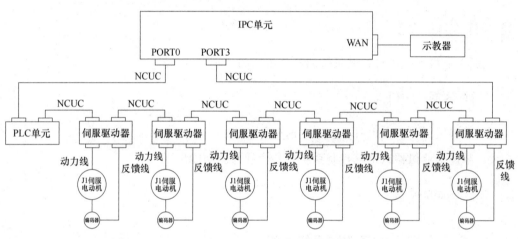

图 1-3　工业机器人电气控制系统

1.1.2　IPC 控制器

IPC 单元是工业机器人的运算控制系统。工业机器人在运动中的轨迹控制、手爪空间位置与姿态的控制都是由它发布控制命令。它由微处理器、存储器、总线、外围接口组成。它通过总线把控制命令发送给伺服驱动器，也通过总线收集伺服电动机的运行反馈信息，通过反馈信息来修正发出的控制命令。IPC 控制器外观图如图 1-4 所示。IPC 控制

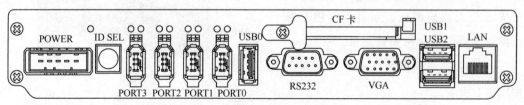

图 1-4　IPC 控制器外观图

器实物如图 1-5 所示。

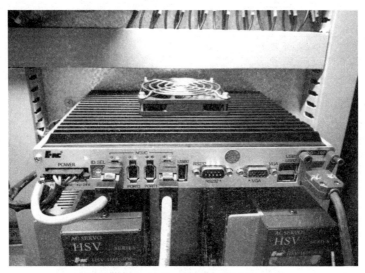

图 1-5　IPC 控制器实物图

IPC 控制器实物图（图 1-5）中：

POWER：DC 24V 电源接口。

ID SEL：设备号选择开关。

PORT0～PORT3：NCUC 总线接口。

USB0：外部 USB 1.1 接口。

RS232：内部使用的串口。

VGA：内部使用的视频信号口。

USB1&USB2：内部使用的 USB 2.0 接口。

LAN：外部标准以太网接口。

1.1.3　I/O 模块

HIO-1009 型底板子模块可提供 1 个通信子模块插槽和 8 个功能子模块插槽，组建的 I/O 单元称为 HIO-1000A 型总线式 I/O 单元。HIO-1009 型子模块对应关系见表 1-1。 HIO-1009 型总线 I/O 单元接口图如图 1-6 所示。

表 1-1　　　　　　　　　　　HIO-1009 型子模块对应关系表

类型	子模块名称	子模块型号	数量
底板	9 槽底板子模块	HIO-1009	1 块
通信	NCUC 协议通信子模块	HIO-1061	1 块
模拟量	模拟量输入/输出子模块	HIO-1073	1 块

续表

类型	子模块名称	子模块型号	数量
	NPN 型开关量输入子模块	HIO-1011N	2 块
开关量	PNP 型开关量输入子模块	HIO-1011P	1 块
	NPN 型开关量输出子模块	HIO-1021N	2 块

HIO-1006 型底板子模块可提供 1 个通信子模块插槽和 5 个功能子模块插槽，组建的 I/O 单元称为 HIO-1000B 型总线式 I/O 单元。

图 1-6　HIO-1009 型总线 I/O 单元接口图

图 1-7　伺服驱动器外观图

1.1.4　伺服驱动器

伺服驱动器接收来自 IPC 装置送来的进给指令，这些指令经过驱动装置的变换和放大后，转变成伺服电动机进给的转速、转向与转角信号，从而带动机械结构按照指定要求准确运动。因此伺服单元是 IPC 单元与机器人本体的联系环节。

HSV160U 伺服驱动器的额定工作电压是三相交流 220V。在企业中动力电源都是三相 380V，这就需要伺服变压器把三相交流 380V 的电源变成三相交流 220V，为伺服驱动器供电。伺服驱动器外观图如图 1-7 所示。

1.1.5 伺服电动机

伺服电动机将伺服驱动器的输出变为机械运动，它与伺服驱动器一起构成伺服控制系统，该系统是 IPC 单元和工业机器人传动部件间的联系环节。伺服电机可分为直流伺服电动机和交流伺服电动机，目前应用最多的是交流伺服电动机，对交流伺服的研究与开发是现代控制技术的关键技术之一。

图 1-8   伺服电机外观图

伺服电动机是由伺服驱动器进行供电的，所提供的电能是一种电压、电流、频率随着指令的变化而变化的电能，其外观如图 1-8所示。

1.1.6 开关电源

开关电源是利用现代电力电子技术，控制开关晶体管开通和关断的时间比率，维持稳定输出电压的一种电源。开关电源一般由脉冲宽度调制（PWM）控制 IC 和 MOSFET构成。随着电力电子技术的发展和创新，使得开关电源技术也在不断地创新。目前，开关电源以小型、轻量和高效率的特点被广泛应用于几乎所有的电子设备，是当今电子信息产业飞速发展不可缺少的一种电源方式。

开关电源产品广泛应用于工业自动化控制、军工设备、科研设备、LED 照明、工控设备、通信设备、电力设备、仪器仪表、医疗设备、半导体制冷制热、空气净化器、电子冰箱、液晶显示器、LED 灯具、视听产品、安防监控，LED 灯袋、电脑机箱、数码产品和仪器类等领域。

图 1-9   开关电源实物图

开关电源实物图，如图 1-9 所示。

1.1.7 示教器

示教器单元主要用于操作者与机器人交换信息，通过该设备，操作人员可对机器人发布控制命令、编写控制程序、查看机器人运动状态、进行程序管理等操作。示教器的线路连接主要包括三部分内容，即示教器的供电电源的连接、示教器与 IPC 的通信、示教器与 PLC 单元的信号连接。示教器的外观图，如图 1-10 所示。

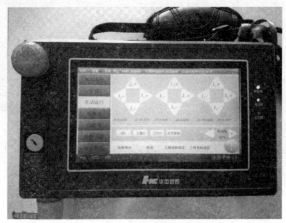

图 1-10　示教器单元外观

1.1.8　按钮/开关/指示灯

电气控制系统拆装实训平台操作面板，如图 1-11 所示，其主要包含报警复位、伺服使能、急停按钮、电源开关，其中指示灯主要包含电源指示灯、模拟交通信号灯等。

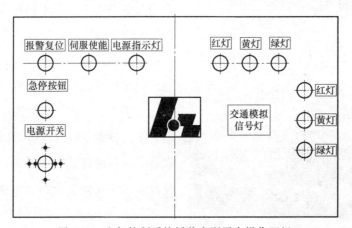

图 1-11　电气控制系统拆装实训平台操作面板

任务总结

本任务通过对华数工业六轴机器人 HSR-608 型电气控制系统拆装实训平台的介绍，了解了工业机器人电气控制系统的硬件组成。不同的机器人的电气控制系统的硬件组成在细节上不完全一样，但基本结构是一致的。

练习与训练

1）工业机器人电气控制系统的硬件组成包含哪些？

2）IPC 控制器的作用有哪些？

任务 2　工业机器人的供电电路的安装

 任务描述

完成工业机器人的供电电路的装调。

 任务能力目标

1）熟悉工业机器人的供电电路的电气原理图的设计；

2）掌握工业机器人的供电电路的电气原理图；

3）能进行工业机器人的供电电路的接线。

 实施过程

1.2.1　工业机器人的供电电路一次回路

一次回路是在电气控制系统中将电能从电源传输到用电设备所经过的电路。例如，把发电机、变压器、输配电线、母线、开关等与用电设备（电动机、照明灯）连接起来的电路。这些在发电、输电、配电的主系统上所使用的设备称为一次设备。一次设备相互连接构成发电、输电、配电或进行其他生产的电气回路，称为一次回路或一次接线。

一次回路线号的编写，三相电源自上而下编号为 L1、L2 和 L3，经电源开关后出线上依次编号为 U1、V1 和 W1，每经过一个电气元件的接线桩编号就要递增，如 U1、V1 和 W1 递增后为 U2、V2 和 W2。如果是多台电动机的编号，为了不引起混淆，可在字母的前面冠以数字来区分，如 1U、1V 和 1W；2U、2V 和 2W；1L1、1L2 和 1L3。二次回路线号的编写通常是从上至下、由左至右依次进行编写。每一个电气连接点有一个唯一的接线编号，编号可依次递增。例如，编号的起始数字，控制回路从阿拉伯数字"1"开始，其他辅助电路可依次递增为 101、201……作为起始数字。例如照明电路编号从 101 开始，信号电路从 201 开始。

1）把 RVV4mm×4mm 多芯线接到断路器进线端，电源线线号分别为 380L1、380L2、380L3；断路器出线接到隔离变压器原边侧，线号分别为 380L11、380L12、

380L13；隔离变压器出线接到 32A 的保险管底座，线号分别为 220L1、220L2、220L3，接线原理图，如图 1-12 所示。

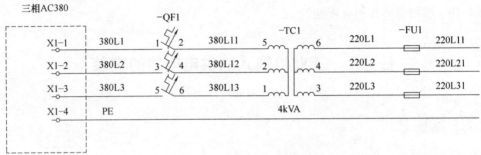

图 1-12　供电回路原理图 1

2）保险管底座的出线线号分别为 220L11、220L12、220L13，出线接到接触器的 1、3、5 主触点，接触器 2、4、6 主触点的出线接到端子排 X2-1、X2-5、X2-9 端子接线排上，线号分别为 220L13、220L23、220L33，此三相 220V 电压主要为驱动器供电。接线原理图，如图 1-13 所示。

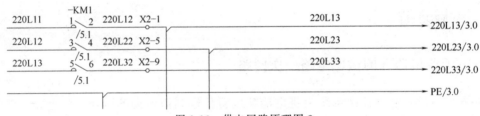

图 1-13　供电回路原理图 2

3）HSV-160U-030 总线伺服驱动器电源接线。端子排 X2-1 到 X2-4 的线号为 220L13，从中任意选取三个接线排接到 6 个伺服驱动器的电源 L1 端，J1、J2、J3、J4、J5、J6 轴驱动器的 L1 端的线号分别为 R1、R2、R3、R4、R5、R6。端子排 X2-5 到 X2-8 的线号为 220L23，从中任意选取三个接线排接到 6 个伺服驱动器的电源 L2 端，J1、J2、J3、J4、J5、J6 驱动器的 L2 端的线号分别为 S1、S2、S3、S4、S5、S6。端子排 X2-9 到 X2-12 的线号为 220L33，从中任意选取三个接线排接到 6 个伺服驱动器的电源 T 端，J1、J2、J3、J4、J5、J6 驱动器的 L3 端的线号分别为 T1、T2、T3、T4、T5、T6，如图 1-14 所示是伺服驱动器 J1、J2 的连线。

4）开关电源的接线。从保险管底座的 220L11 和 220L21 侧分别接到电源旋转开关的触点 3 和触点 5，电源旋转开关的触点 4 和触点 6 分别接到开关电源 L 和 N 端子处，线号分别为 220L11A、220L12A。开关电源 24V－直接接到端子排 X3-11，线号为 N24V，开关电源 24V＋接到端子排 X3-1，线号为 P24。具体接线图，如图 1-15 所示。

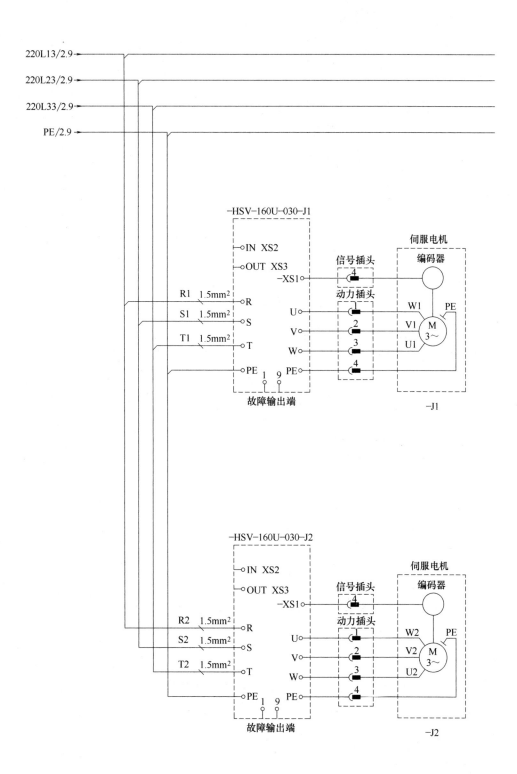

图 1-14　供电回路原理图 3

1.2.2　工业机器人的供电电路二次回路

二次回路是指测量回路、继电器保护回路、开关控制及信号回路、操作电源回路、断路器和隔离开关的电气闭锁回路等全部低压回路，以及由二次设备互相连接，构成对一次设备进行监测、控制、调节和保护的电气回路。它是在电气控制系统中由互感器的次级绕组、测量监视仪器、继电器、自动装置等通过控制电缆连成的电路。

1）从 P24 端子排处接一根线到电源旋转开关 SA 的端子 1 处，线号为 P24，从电源旋转开关触点 2 接一根线到接触器线圈＋，线号为 0500。此处通过旋转开关来控制接触器 KM1 主触点是否闭合，进而控制伺服驱动器的主电源。

2）从 P24 端子排接一根线到电源旋转开关 SA 的触点 7，线号为 P24，从电源旋转开关触点 8 接一根线到电源指示灯 H2 的 X1，线号为 0501。电源指示灯 H2 的 X2 触点接 N24。具体接线图，如图 1-16 所示。

3）从 P24 端子排接一根线到 IPC 控制器 24V 端，线号为 0502，从 N24 端子排接一根线到 IPC 控制器 GND（0V），线号为 0503。从 P24 端

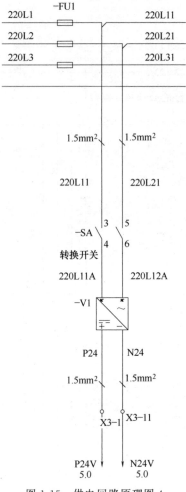

图 1-15　供电回路原理图 4

子排接一根线到 I/O 模块 24V，线号为 0504。从 N24 端子排接一根线到 I/O 模块 GND（0V），线号为 0505。从 P24 端子排接一根线到示教器 24V，线号为 0506。从 N24 端子排接一根线到示教器 GND（0V），线号为 0507。具体接线图，如图 1-17 所示。

 **任务总结**

通过本任务的学习能完成工业机器人的供电电路的装调，认识相关的元件设备，能进行工业机器人的供电电路的接线，能读懂工业机器人的供电电路的电气原理图。

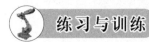 **练习与训练**

什么是一次回路？什么是二次回路？

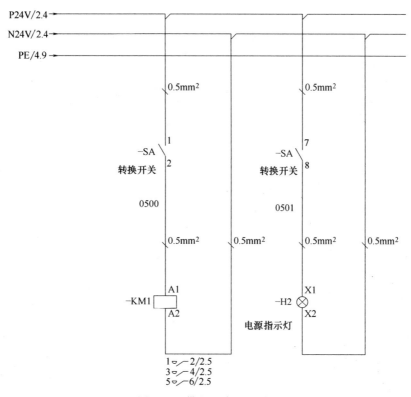

图 1-16　供电回路原理图 5

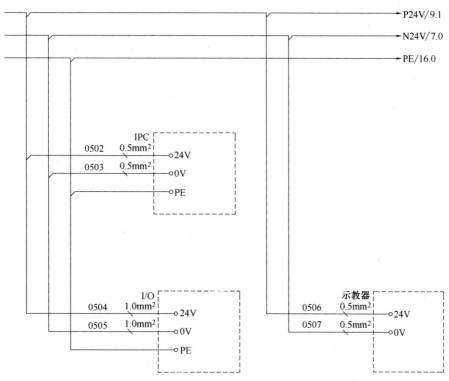

图 1-17　供电回路原理图 6

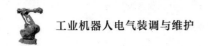

任务 3　工业机器人 NCUC 总线线缆的安装

 任务描述

完成工业机器人的 NCUC 总线的连接。

 任务能力目标

1）熟悉工业机器人的 NCUC 总线的线缆制作；

2）熟悉工业机器人的 NCUC 总线线缆的连接。

 实施过程

1.3.1　NCUC 总线的线缆制作

现场总线是指安装在制造区域的现场装置与控制室内的自动装置之间的数字式、串行、多点通信的数据总线，通过分时复用的方式，将信息以一个或多个源部件传送到一个或多个目的部件的传输线，是通信系统中传输数据的公共通道。

总线（Bus）是计算机各种功能部件之间传送信息的公共通信干线，它是由导线组成的传输线束，按照计算机所传输的信息种类，计算机的总线可以划分为数据总线、地址总线和控制总线，分别用来传输数据、数据地址和控制信号。总线是一种内部结构，它是 CPU、内存、输入、输出设备传递信息的公用通道，主机的各个部件通过总线相连接，外部设备通过相应的接口电路再与总线相连接，从而形成了计算机硬件系统。在计算机系统中，各个部件之间传送信息的公共通路叫总线，微型计算机是以总线结构来连接各个功能部件的。

2008 年 2 月，成立了由华中数控、大连光洋、沈阳高精、广州数控、浙江中控组成的数控系统现场总线技术联盟（NC Union of China Field Bus），设立了 NCUC-Bus 协议规范的标准工作组，形成了协议的草案，经标准审查会审查之后，最终确立了 NCUC-Bus 现场总线协议规范的总则、物理层、数据链路层规范和服务、应用层规范和服务。

基于 NCUC-Bus 的总线式伺服及主轴驱动，采用统一的编码器接口，支持 BISS、HIPERFACE、ENDAT2.1/2.2、多摩川等串行绝对值编码器通信传输协议。板卡上带有光纤接口，可以通过光纤连接至总线上，实现基于 NCUC-Bus 协议的数据交互。用 PHY＋FPGA 的硬件结构，整个协议的处理都在 FPGA 中实现，并通过主从总线访问控制方式实现各站点的有序通信。NCUC-Bus 采用动态"飞读飞写"的方式实现数据的上传和下载，实现了通信的实时性要求；通过延时测量和计算时间戳的方法，实现了通信的同步性要求；同时，采用重发和双环路的数据冗余机制及 CRC 校验的差错检测机制，保障了通信的可靠性要求。

机床数控系统现场总线 NCUC-Bus 是一种数字化、串行网络的数据总线，用于机床数控系统各组成部分的互联通信。NCUC 总线具有以下特点：

1）与以太网兼容；

2）支持环形和线性网络；

3）通信速率最高可达 100Mbit/s；

4）挂接设备最多可达 255 个；

5）支持五类双绞线传输和光纤传输方式。

NCUC 总线连接端子，如图 1-18 所示。

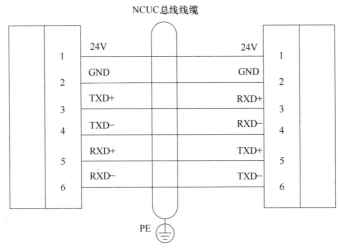

图 1-18 NCUC 总线连接端子

为了保证 NCUC-Bus 网络传输的可靠性，对采用电信号互联的 NCUC-Bus 连接端子做要求如下：

1）NCUC-Bus 连接端子由端子插头及端子插座两部分组成，NCUC-Bus 连接端子插座及插头之间金属触点通过物理插接接触方式互联；

2）NCUC-Bus 连接端子在插座上应有标识；

3）NCUC-Bus 连接端子插座及插头需采用符合 IP54 防护等级要求的接插件；

4）NCUC-Bus 物理连接端子插头及插座之间必须具备额外的连接固定装置，固定装置必须在完全解锁后才允许端子插头与端子座之间金属触点分离；

5）NCUC-Bus 连接端子插头与插座触点之间必须采用接触面连接方式；

6）NCUC-Bus 连接端子至少需要同时提供 RX＋、RX、TX＋、TX、GND 5 路信号

连接；

    7）NCUC-Bus 连接端子中 RX+、RX 必须定义在相邻的引脚上；

    8）NCUC-Bus 连接端子中 TX+、TX 必须定义在相邻的引脚上。

1.3.2 NCUC 总线的线缆连接

    NCUC 总线采用环状拓扑结构、串行的连接方式，以 IPC 单元作为总线上的主站，PLC 和伺服驱动器作为总线上的从站。连接的过程就是从主站的 PORT0 口开始依次向下连接各个从站，从站的 NCUC 接口分为进口和出口，按照串联的方式一次连接，最后一个器件的出口连接到主站的 PORT3 口上，这样就完成了 NCUC 总线的连接了，如图 1-19 所示。

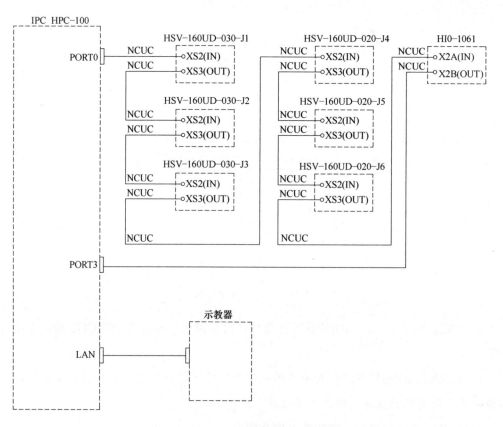

图 1-19　NCUC 总线的线缆连接图

    本任务介绍了工业机器人的 NCUC 总线的相关知识及线缆连接，同时需要掌握相应的原理及连接方法。

练习与训练

什么是 NCUC 总线？

任务 4　工业机器人 DI/DO 回路的安装

 任务描述

完成工业机器人 DI/DO 回路的连接。

 任务能力目标

1）熟悉工业机器人 DI 回路的连接；

2）熟悉工业机器人 DO 回路的连接。

 实施过程

1.4.1　DI 回路

工业机器人外接按钮、传感器等开关量信号需要通过 DI 接口接收，在 HSR-JR612 六轴机器人的 DI 回路，如图 1-20 所示。示教器急停信号，线号为 0700，接 PLC 的 X0.0。面板上的急停开关 S2 的端子 14 连接电源负端 N24V，端子 13，线号为 0702，接 PLC 的 X0.2。面板上的复位开关 S3 的端子 14 连接电源负端 N24V，端子 13，线号为 0705，接 PLC 的 X0.5。面板上的伺服使能开关 S4 的端子 14 连接电源负端 N24V，端子 13，线号为 0707，接 PLC 的 X0.7。PLC 的 DI 回路电源负极，线号为 0708、0717，连接到电源负端 N24V。

1.4.2　DO 回路

工业机器人的执行结构要通过输出信号驱动，在 HSR-JR612 六轴机器人的 DO 回路，如图 1-21 所示。PLC 的输出口 Y0.0 接继电器 KA1 的端子 13，继电器 KA1 的端子 14，接到线号为 0908，用作控制 J1 的抱闸。PLC 的输出口 Y0.1 接继电器 KA2 的端子 13，继电器 KA2 的端子 14，接到线号为 0908，用作控制 J2 的抱闸。PLC 的输出口 Y0.2 接继电器 KA3 的端子 13，继电器 KA3 的端子 14，接到线号为 0908，用作控制 J3 的抱闸。PLC 的输出口 Y0.3 接继电器 KA4 的端子 13，继电器 KA4 的端子 14，接到线号为 0908，用作控制 J4 的抱闸。PLC 的输出口 Y0.4 接继电器 KA5 的端子 13，继电器 KA5 的端子

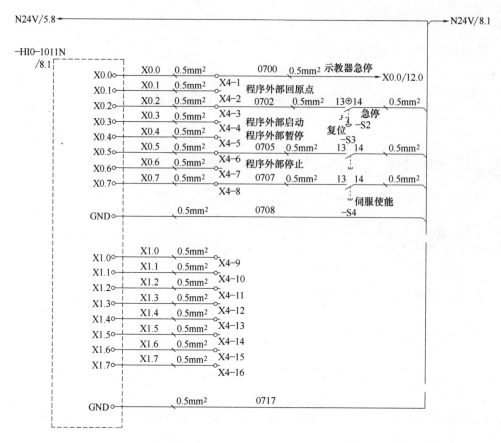

图 1-20　工业机器人的 DI 回路图

14，接到线号为 0908，用作控制 J5 的抱闸。PLC 的输出口 Y0.5 接继电器 KA6 的端子 13，继电器 KA6 的端子 14，接到线号为 0908，用作控制 J6 的抱闸。线号 0908 接到急停按钮及 QD6、QD5、QD4、QD3、QD2、QD1 的常闭触点，作互锁保护。PLC 的输出口 Y0.6 接继电器 KA7 的端子 13，继电器 KA7 的端子 14，连接到电源负端 N24V，用作控制机器人报警。PLC 的输出口 Y0.7 接继电器 KA8 的端子 13，继电器 KA8 的端子 14，连接到电源负端 N24V，用作预留信号。PLC 的 DO 回路电源负极，连接到电源负端 N24V。

 任务总结

本任务介绍了工业机器人的 DI/DO 回路，同时需要掌握 DI/DO 回路的连接方法。

 练习与训练

1）DI 接口的作用是什么？

2）DO 接口的作用是什么？

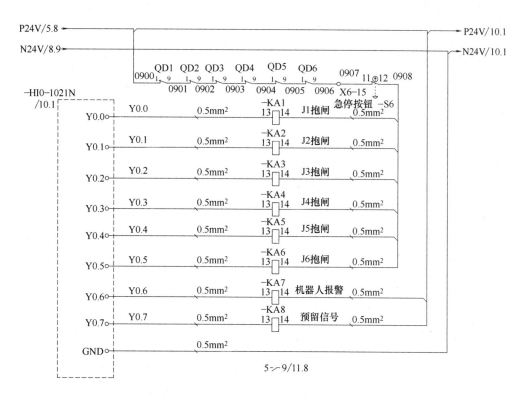

图 1-21　工业机器人的 DO 回路图

任务 5　工业机器人其他回路的安装

 任务描述

完成工业机器人继电器触点回路、示教器线缆、动力线缆、信号线缆、接地线路等的连接。

 任务能力目标

1）熟悉工业机器人继电器触点回路的连接；

2）熟悉工业机器人示教器线缆的连接；

3）熟悉工业机器人动力线缆的连接；

4）熟悉工业机器人信号线缆的连接；

5）熟悉工业机器人接地线路的连接。

 实施过程

1.5.1 继电器触点回路

工业机器人在控制执行机构动作时，对于控制功率比较大的设备，一般需要通过继电器等进行控制，比如控制抱闸等动作，其继电器触点回路，如图 1-22 所示。

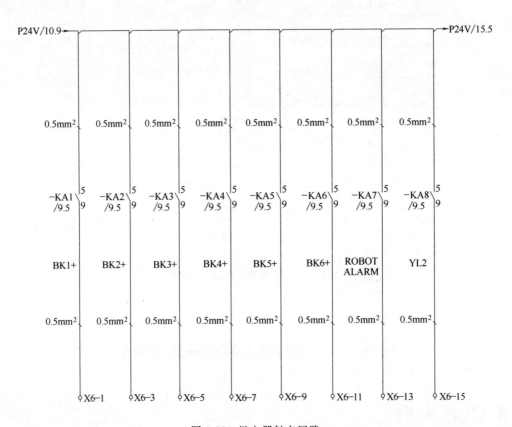

图 1-22 继电器触点回路

1.5.2 示教器线缆

示教器的线路连接主要包括：

1）示教器的供电电源的连接：示教器需要 24V 直流电源供电，其电源端子 24V、0V 分别连线号 P24、N24；

2）示教器与 IPC 的通信：示教器通过以太网线缆跟 IPC 的 LAN 连接；

3）示教器与 PLC 单元的信号连接：示教器急停信号连接到 PLC 的输入接口 X0.0。

示教器的线缆连接以及以太网线缆连接，如图 1-23 所示。

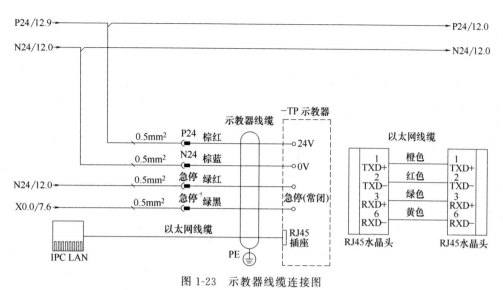

图1-23 示教器线缆连接图

1.5.3 动力线缆

工业机器人的动力线缆，如图1-24所示。

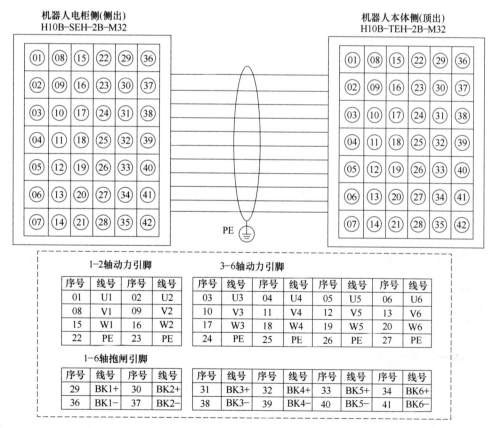

序号	线号	序号	线号
01	U1	02	U2
08	V1	09	V2
15	W1	16	W2
22	PE	23	PE

3-6轴动力引脚

序号	线号	序号	线号	序号	线号	序号	线号
03	U3	04	U4	05	U5	06	U6
10	V3	11	V4	12	V5	13	V6
17	W3	18	W4	19	W5	20	W6
24	PE	25	PE	26	PE	27	PE

1-6轴抱闸引脚

序号	线号	序号	线号	序号	线号	序号	线号	序号	线号	序号	线号
29	BK1+	30	BK2+	31	BK3+	32	BK4+	33	BK5+	34	BK6+
36	BK1−	37	BK2−	38	BK3−	39	BK4−	40	BK5−	41	BK6−

图1-24 动力线缆

1.5.4 信号线缆

工业机器人的信号线缆，如图 1-25 所示。

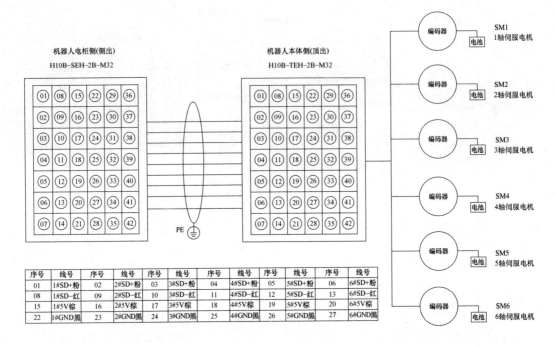

序号	线号	序号	线号	序号	线号	序号	线号	序号	线号	序号	线号
01	1#SD+粉	02	2#SD+粉	03	3#SD+粉	04	4#SD+粉	05	5#SD+粉	06	6#SD+粉
08	1#SD−红	09	2#SD−红	10	3#SD−红	11	4#SD−红	12	5#SD−红	13	6#SD−红
15	1#5V棕	16	2#5V棕	17	3#5V棕	18	4#5V棕	19	5#5V棕	20	6#5V棕
22	1#GND黑	23	2#GND黑	24	3#GND黑	25	4#GND黑	26	5#GND黑	27	6#GND黑

图 1-25　线号线缆

1.5.5 接地回路

机电设备要有良好的地线，以保证设备、人身安全和减少电气干扰。工业机器人的伺服单元、伺服变压器和强电柜等设备之间都要连接保护接地线，其接地回路图，如图1-26 所示。

 任务总结

本任务介绍了工业机器人的继电器触点回路、示教器线缆、动力线缆、信号线缆、接地线路等的连接。

 练习与训练

1）继电器回路的作用是什么？

2）动力线和信号线连接的时候应注意什么？

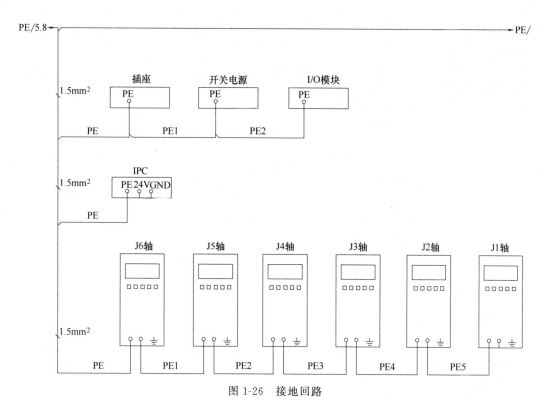

图 1-26　接地回路

项目2 工业机器人驱动与控制系统的调试

任务1 工业机器人液压驱动系统的调试

任务描述

通过液压驱动系统介绍，了解液压驱动系统的原理和特点。

任务能力目标

1）掌握工业机器人液压驱动系统的原理；

2）熟悉工业机器人液压驱动系统的特点。

实施过程

工业机器人驱动系统按动力源可分为液压驱动、气动驱动和电动驱动三种基本驱动类型。

2.1.1 液压驱动系统的原理

液压驱动系统由液压泵、液动机、控制调节装置、辅助装置等组成。

液压泵使工作油产生压力能并将其转变成机械能的装置称为液压执行器，其原理图，如图2-1所示。

驱动液压执行器的外围设备包括：

1）形成液压的液压泵；

2）供给工作油的导管；

3）控制工作油流动的液压控制阀；

4）控制控制阀的控制回路。

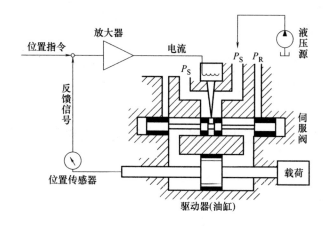

图 2-1 液压驱动原理图

根据液压执行器输出量的形式不同，可以分为做直线运动的液压缸和做旋转运动的液压马达。

2.1.2 液压驱动系统的特点

机器人的驱动系统采用液压驱动，有以下几个优点：

1）液压容易达到较高的单位面积压力（常用油压为 250～620kPa），体积较小，可以获得较大的推力或转矩；

2）液压系统介质的可压缩性小，工作平稳可靠，并可得到较高的位置精度；

3）液压传动中，力、速度和方向比较容易实现自动控制；

4）液压系统采用油液作介质，具有防锈性和自润滑性能，可以提高机械效率，使用寿命长。

液压传动系统的不足之处：

1）油液的黏度随温度变化而变化，影响工作性能，高温容易引起燃烧爆炸等危险；

2）液体的泄漏难以克服，要求液压元件有较高的精度和质量，故造价较高；

3）需要相应的供油系统，尤其是电液伺服系统要求严格的滤油装置，否则会引起故障。

液压驱动方式的输出力和功率大，能构成伺服机构，常用于大型机器人关节的驱动。

 **任务总结**

本任务介绍了工业机器人的液压驱动的原理和特点，对于一些需要巨大型机器人和民用服务机器人的特殊应用场合，液压驱动器仍是合适的选择。由于液压系统中存在不可避免的泄漏、噪声和低速不稳定，以及功率单元非常笨重和昂贵等问题，目前已不多使用。

练习与训练

1）液压驱动系统的主要优点是什么？

2）液压驱动系统的主要缺点是什么？

任务 2　工业机器人气动驱动系统的调试

 任务描述

通过气动驱动系统介绍，了解气动驱动系统的原理和特点。

任务能力目标

1）掌握工业机器人气动驱动系统的原理；

2）熟悉工业机器人气动驱动系统的特点。

 实施过程

2.2.1　气动驱动系统的原理

气动驱动系统由气源系统、气源净化辅助设备、气动执行机构、空气控制阀和气动逻辑元件等组成。

气动驱动系统的结构图，如图 2-2 所示。

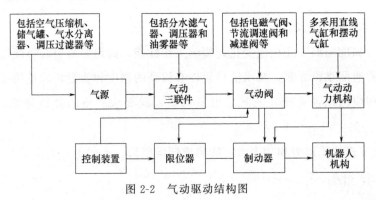

图 2-2　气动驱动结构图

2.2.2　气动驱动系统的特点

与液压驱动相比，气动驱动的优点是：

1）压缩空气黏度小，容易达到高速（1m/s）；

2) 利用工厂集中的空气压缩机站供气,不必添加动力设备;

3) 空气介质对环境无污染,使用安全,可直接应用于高温作业;

4) 气动元件工作压力低,故制造要求也比液压元件低。

气动驱动的不足之处:

1) 压缩空气常用压力为 $4\sim6\text{kg/cm}^2$,若要获得较大的压力,其结构就要相对增大;

2) 空气压缩性大,工作平稳性差,速度控制困难,要达到准确的位置控制很困难;

3) 压缩空气的除水问题是一个很重要的问题,处理不当会使钢类零件生锈,导致机器人失灵。此外,排气还会造成噪声污染。

 任务总结

本任务介绍了工业机器人的气动驱动的原理和特点,气动驱动多用于开关控制和顺序控制的机器人中。气压驱动器在原理上与液压驱动器相同,由于气动装置的工作压强低,和液压系统相比,由于空气的可压缩性,在负载作用下会压缩和变形,控制气动的精确位置很难。因此气动装置通常仅用于插入操作或小自由度关节上。

 练习与训练

1) 气动驱动系统的主要优点是什么?

2) 气动驱动系统的主要缺点是什么?

任务 3　工业机器人电机驱动系统的调试

 任务描述

通过电机驱动系统介绍,了解电气驱动系统的原理和特点。

 任务能力目标

1) 掌握工业机器人电机驱动系统的原理;

2) 熟悉工业机器人电机驱动系统的特点。

 实施过程

2.3.1　电机驱动系统

(1) 电机驱动系统的原理

电机驱动系统由电动机、驱动器等组成。

电机驱动系统的结构图，如图 2-3 所示。

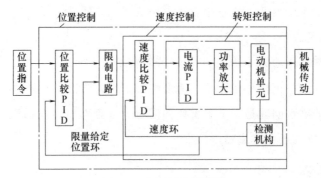

图 2-3 电机驱动结构图

（2）电机驱动系统的特点

电机驱动可分为普通交、直流电动机驱动，交、直流伺服电动机驱动和步进电动机驱动。

普通交、直流电动机驱动需加减速装置，输出力矩大，但控制性能差，惯性大，适用于中型或重型机器人。伺服电动机和步进电动机输出力矩相对小，控制性能好，可实现速度和位置的精确控制，适用于中小型机器人。

交、直流伺服电动机一般用于闭环控制系统，而步进电动机则主要用于开环控制系统，一般用于速度和位置精度要求不高的场合。功率在 1kW 以下的机器人多采用电机驱动。

电动机使用简单，且随着材料性能的提高，电动机性能也在逐渐提高。所以总的看来，目前机器人关节驱动逐渐为电动式所代替。

表 2-1 为三种驱动方式的比较。

表 2-1　　　　　　　　　　　三种驱动方式特点的比较表

驱动元件	特　点					
	输出力	控制性能	维修使用	结构体积	使用范围	制造成本
液压驱动	压力高，可获得大的输出力	油液不可压缩，压力、流量均容易控制，可无级调速，反应灵敏，可实现连续轨迹控制	维修方便，液体对温度变化敏感，油液泄漏易着火	在输出力相同的情况下，体积比气压驱动方式小	中、小型及重型机器人	液压元件成本较高，油路比较复杂
气压驱动	气压压力低，输出力较小，如需要输出力大时，其结构尺寸过大	可高速，冲击较严重，精确定位困难。气体压缩大，阻尼效果差，低速不易控制，不易与 CPU 连接	维修简单，能在高温、粉尘等恶劣环境中使用，泄漏无影响	体积较大	中、小型机器人	结构简单，能源方便，成本低

续表

驱动元件		特　　点					
		输出力	控制性能	维修使用	结构体积	使用范围	制造成本
电机驱动	异步电动机直流电动机	输出力较大	控制性能较差,惯性大,不易精确定位	维修使用方便	需要减速装置,体积较大	速度低,重型机器人	成本低
	步进电动机伺服电动机	输出力较小或较大	容易与 CPU 连接,控制性能好,响应快,可精确定位,但控制系统复杂	维修使用较复杂	体积较小	程序复杂、运动轨迹要求严格的机器人	成本较高

2.3.2　直流电机

（1）直流电机的工作原理

直流电机通过换向器将直流转换成电枢绕组中的交流，从而使电枢产生一个恒定方向的电磁转矩。直流电机的工作示意图如图 2-4 所示，其运行方向适用于左手定则。

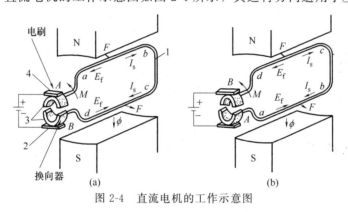

图 2-4　直流电机的工作示意图

1—绕组线圈　2—电刷 B　3—换向器　4—电刷 A

当给绕组线圈加直流电，即电流从绕组线圈 A 流向 B，则绕组线圈在磁场中受力，电机开始逆时针旋转，如图 2-4（a）所示。当转过一定角度，如 $90°$，通过电刷和换向片，导体中的电流方向将随所处位置磁极极性的改变而改变，即电流从绕组线圈 B 流向 A，如图 2-4（b）所示，从而使导体所受的电磁力矩始终保持不变，使电机继续按逆时针旋转。

作用在线圈上的电磁转矩为 $T=BILr$，其中，B 为导体所处位置的磁密，I 为流过导体的电流，L 为导体切割磁力线部分的长度（导体的有效长度），r 为电枢的半径。

（2）矩频特性曲线

直流电机的电流控制曲线，如图 2-5 所示；电压控制曲线，如图 2-6 所示。

可以通过如下公式计算负载转矩 T：

$$T=\frac{(V-K_{\mathrm{E}}\omega)K_{\mathrm{T}}}{R}$$

式中，V 为控制电压；K_E 为电动势常数；ω 为角速度；K_T 为转矩常数；R 为电枢回路电阻。

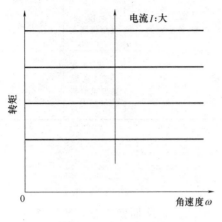

图 2-5　电流控制曲线

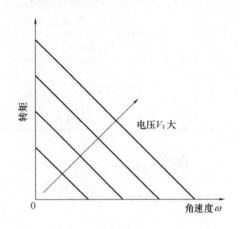

图 2-6　电压控制曲线

（3）直流电机的控制方式

直流电机可以通过改变电压或电流控制转速和转矩。最常用的控制方式是 PWM 控制方式。

PWM（pulse width modulation）控制是利用脉宽调制器对大功率晶体管开关放大器的开关时间进行控制，将直流电压转换成某一频率的矩形波电压，加到直流电机的电枢两端，通过对矩形波脉冲宽度的控制，改变电枢两端的平均电压达到调节电机转速的目的。

（4）直流电机的特点

优点：调速方便（可无级调速），调速范围宽，低速性能好（启动转矩大，启动电流小），运行平稳，转矩和转速容易控制。

缺点：换向器需经常维护，电刷极易磨损，必须经常更换，噪声比交流电机大。

2.3.3　交流电机

（1）工作原理

交流电机分为同步电机和异步电机，其结构如图 2-7 所示。交流电机的工作原理，如图 2-8 所示。

同步电机：定子是永磁体，所谓同步是指转子速度与定子磁场速度相同。

异步电机：转子和定子上都有绕组，所谓异步是指转子磁场和定子间存在速度差（不是角度差）。

（2）矩频特性曲线

如图 2-9 所示。

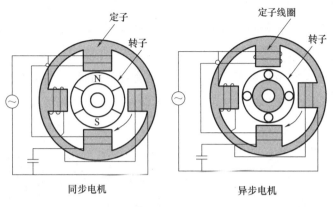

图 2-7　交流电机的结构

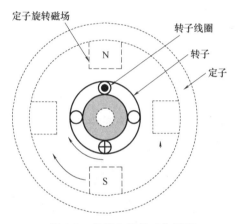

图 2-8　交流电机的工作原理

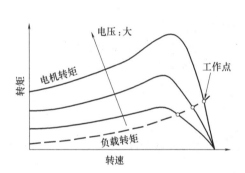

图 2-9　交流电机的转矩-转速特性

（3）交流电机的特点

交流电机：无电刷和换向器，无产生火花的危险；比直流电机的驱动电路复杂、价格高。

同步电机：体积小。用途：要求响应速度快的中等速度以下的工业机器人；机床领域。

异步电机：转子惯量很小，响应速度很快。用途：中等功率以上的伺服系统。

（4）交流电机的控制方式

改变定子绕组上的电压或频率，即电压控制或频率控制方式。

2.3.4　步进电机

步进电机驱动系统主要用于开环位置控制系统。优点：控制较容易，维修也较方便，而且控制为全数字化。缺点：由于开环控制，所以精度不高。

（1）工作原理

步进电机是一种将电脉冲转化为角位移的执行机构。简单说：当步进驱动器接收到一个脉冲信号，它就驱动步进电机按设定的方向转动一个固定的角度（及步进角）。可以通过控制脉冲个数来控制角位移量，从而达到准确定位的目的；同时可以通过控制脉冲频率来控制电机转动的速度和加速度，从而达到调速的目的，其结构图如图 2-10 所示。

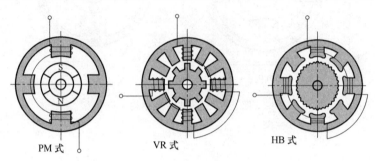

PM 式　　　　VR 式　　　　HB 式

图 2-10　步进电机的结构

PM 式步进电机转子是永磁体，定子是绕组，在定子电磁铁和转子永磁体之间的排斥力和吸引力的作用下转动，步距角一般为 7.5°～90°。

VR 式步进电机用齿轮状的铁芯作转子，定子是电磁铁。在定子磁场中，转子始终转向磁阻最小的位置。步距角一般为 0.9°～15°。

HB 式步进电机是 PM 式和 VR 式的复合形式。在永磁体转子和电磁铁定子的表面上加工出许多轴向齿槽，产生转矩的原理与 PM 式相同，转子和定子的形状与 VR 式相似，步距角一般为 0.9°～15°。

（2）相关术语

相数：产生不同 N、S 对磁场的激磁线圈对数。

拍数：完成一个磁场周期性变化所需脉冲数或导电状态。四相四拍运行方式：AB-BC-CD-DA-AB，四相八拍运行方式：A-AB-B-BC-C-CD-D-DA-A。

步距角：对应一个脉冲信号，电机转子转过的角位移，用 θ 表示。一般步进电机的精度为步距角的 3%～5%，且不累积。

失步：电机运转时运转的步数，不等于理论上的步数。

保持转矩或静转矩是指电机各相绕组通额定电流，且处于静态锁定状态时，电机所能输出的最大转矩，是电机选型时重要的参数之一。通常步进电机在低速时的力矩接近保持转矩。比如，当说 2N·m 的步进电机时，在没有特殊说明的情况下一般是指保持转矩为 2N·m 的步进电机。

定位转矩是指电机各相绕组不通电且处于开路状态时，由于混合式电机转子上有永磁材料产生磁场从而产生的转矩。一般定位转矩远小于保持转矩。是否存在定位转矩是混合式步进电机区别于反应式步进电机的重要标志。

细分驱动器的原理：通过改变相邻（A、B）电流的大小，以改变合成磁场的夹角来控制步进电机的运转。

驱动器细分后的主要优点：

1）完全消除了电机的低频振荡；

2）同时也提高了电机的输出转矩；

3）提高了电机的分辨率。

（3）运行矩频特性

步进电机运行矩频曲线，如图2-11所示，在这个输出转矩区间，步进电机启动时的输入脉冲频率必须缓慢增加。

（4）步进电机驱动的特点

控制系统简单可靠，成本低；控制精度受步距角限制，高负载或高速度时易失步，低速运行时会产生步进运行现象。

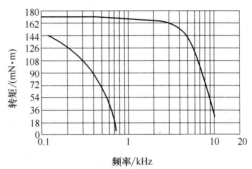

图2-11　步进电机运行矩频曲线

伺服电机的优势：

1）实现了位置、速度和力矩的闭环控制；克服了步进电机失步的问题。

2）高速性能好，一般额定转速能达到2000～3000r/min。

3）抗过载能力强，能承受三倍于额定转矩的负载，对有瞬间负载波动和要求快速启动的场合特别适用。

4）低速运行平稳，低速运行时不会产生类似于步进电机的步进运行现象。适用于有高速响应要求的场合。

5）电机加减速的动态响应时间短，一般在几十毫秒之内。

6）发热和噪声明显降低。

2.3.5　伺服系统

为了增加电机的力矩，而仍维持期望的速度，必须给转子、定子或同时给二者增加电压（或电流）。虽然电机的转速不变，且反电动势不变，但力矩增加。通过改变电压（或相应的电流），可以维持转速—力矩的平衡，这个系统就是伺服电机。

（1）直流伺服电机

直流（DC）伺服电机转动惯性小，启停反应快，速度变化范围大，效率高，速度和位置精度都很高。

直流伺服电机有很多优点，具有很高的性价比，一直是机器人平台的标准电机。但它的电刷易磨损，且易形成火花，因而产生了无刷电机，采用霍尔电路来进行换向。

（2）交流伺服电机

交流（AC）伺服电机较直流伺服电机的功率大，无须电刷，效率高，维护方便，在工业机器人中有一定的应用。

2.3.6 变频技术

（1）变频器概念

变频器是利用电力半导体器件的通断作用将工频电源变换为另一频率的电能控制装置，能实现对交流异步电动机的软启动、变频调速、提高运转精度、改变功率因素、过流/过压/过载保护等功能，如图 2-12 所示为 MM420 变频器外形图。

图 2-12　MM420 变频器外形图

（2）变频调速的工作原理

变频器的功用是将频率固定的（通常为 50Hz 的）交流电（三相或单相）变成频率连续可调（多数为 0～400Hz）的三相交流电。

$$n_0 = 60f/p$$

式中，n_0 为旋转磁场的转速，通常称为同步转速；f 为电源的频率；p 为旋转磁场的磁极对数。

当频率 f 连续可调时（一般 p 为定数），电动机的同步转速也连续可调。又因为异步电动机的转子转速总是比同步转速略低一些，所以，当同步转速连续可调时，异步电动机转子的转速也是连续可调的。变频器就是通过改变 f（电源的频率）来使电动机调速的。

（3）变频器的特点

1）无级调速。

2）启动平稳，速度平稳上升，停止平稳，速度平滑下降，没有冲击。

3）它具备多种信号输入输出端口，接收和输出模拟信号、数字信号，电流、电压信号。

（4）变频器的应用选型

1）负载分类。变频器的正确选择对于控制系统的正常运行是非常关键的。选择变频器时必须要充分了解变频器所驱动的负载特性。人们在实践中常将生产机械分为三种类型：恒转矩负载、恒功率负载、平方转矩负载。

① 恒转矩负载。负载转矩 T_L 与转速 n 无关，任何转速下 T_L 总保持恒定或基本恒定。例如传送带、搅拌机、挤压机等摩擦类负载以及吊车、提升机等位能负载都属于恒转矩负载。变频器拖动恒转矩性质的负载时，低速下的转矩要足够大，并且有足够的过载能力。如果需要在低速下稳速运行，应该考虑标准异步电动机的散热能力，避免电动机的温升过高。

② 恒功率负载。这类生产机械的功率 P_L 为常数。机床主轴和轧机、造纸机、塑料薄膜生产线中的卷取机、开卷机等要求的转矩，大体与转速成反比，这就是所谓的恒功率负载。负载的恒功率性质应该是就一定的速度变化范围而言的。当速度很低时，受机械强度的限制，T_L 不可能无限增大，在低速下转变为恒转矩性质。负载的恒功率区和恒转矩区对传动方案的选择有很大的影响。电动机在恒磁通调速时，最大允许输出转矩不变，属于恒转矩调速；而在弱磁调速时，最大允许输出转矩与速度成反比，属于恒功率调速。如果电动机的恒转矩和恒功率调速的范围与负载的恒转矩和恒功率范围相一致时，即所谓"匹配"的情况下，电动机的容量和变频器的容量均最小。

③ 平方转矩负载。在各种风机、水泵、油泵中，随叶轮的转动，空气或液体在一定的速度范围内所产生的阻力大致与速度 n 的 2 次方成正比。随着转速的减小，转矩按转速 n 的 2 次方减小。这种负载所需的功率与速度 n 的 3 次方成正比。当所需风量、流量减小时，利用变频器通过调速的方式来调节风量、流量，可以大幅度地节约电能。由于高速时所需功率随转速增长过快，与速度 n 的 3 次方成正比，所以通常不应使风机、泵类负载超工频运行。

2）变频器的选型原则和注意事项。首先要根据机械对转速（最高、最低）和转矩（启动、连续及过载）的要求，确定机械要求的最大输入功率（即电动机的额定功率最小值）P（kW），由经验公式：

$$P = nT/9950$$

式中，P 为机械要求的输入功率（kW）；n 为机械转速（r/min）；T 为机械的最大转矩（N·m）。

然后，选择电动机的极数和额定功率。电动机的极数决定了同步转速，要求电动机的同步转速尽可能地覆盖整个调速范围，使连续负载容量高一些。为了充分利用设备潜能，避免浪费，可允许电动机短时超出同步转速，但必须小于电动机允许的最大转速。转矩取设备在启动、连续运行、过载或最高转速等状态下的最大转矩。最后，根据变频器输出功率和额定电流稍大于电动机的功率和额定电流的原则来确定变频器的参数与型号。

同时需要注意：变频器的额定容量及参数是针对一定的海拔高度和环境温度而标出的，一般指海拔 1000m 以下，温度在 40℃或 25℃以下。若使用环境超出该规定，则在确定变频器参数、型号时要考虑到环境造成的降容因素。

选择变频器时应以实际电动机电流值作为变频器选择的依据，电动机的额定功率只能作为参考。另外，应充分考虑变频器的输出含有丰富的高次谐波，会使电动机的功率因数和效率变坏。因此，用变频器给电动机供电与用工频电网供电相比较，电动机的电流会增加 10% 而温升会增加约 20%。所以在选择电动机和变频器时，应考虑到这种情况，适当留有余量，以防止温升过高，影响电动机的使用寿命。

当变频器用于控制并联的几台电动机时，一定要考虑变频器到电动机的电缆的长度总和在变频器的容许范围内。如果超过规定值，要放大一挡或两挡来选择变频器。另外在此种情况下，变频器的控制方式只能为 V/F 控制方式，并且变频器无法实现电动机的过电流、过载保护，此时需在每台电动机侧加熔断器来实现保护。

变频器驱动同步电动机时，与工频电源相比，会降低输出容量 10%～20%，变频器的连续输出电流要大于同步电动机额定电流与同步导入电流的标值的乘积。

（5）变频器的分类

1）按主电路的工作方式分类。

① 电压型变频器——整流电路产生逆变所需的直流电压，通过中间直流环节的电容进行滤波后输出，即电容滤波方式。多用于不要求正反转或快速加减速的通用型变频器中。

② 电流型变频器——交—直—交变频器的中间直流环节采用大电感滤波。在电流型变频器中，电动机定子电压的控制是通过检测电压后对电流进行控制的方式实现的，最大特点是可以进行四象限运行，将能量回馈给电源，且出现负载短路时容易处理，多适用于频繁可逆运转的变频器和大容量变频器。

2）按变换频率的方法分类。

① 交—直—交变频器。

② 交—交变频器（直接变频装置）。

3）按变频器调压方法分类。

① PAM 变频器——是一种改变电压源的电压或电流源的电流幅值进行控制的方式。这样在逆变部分只控制频率，整流部分则控制输出电压或电流。

② PWM 变频器——在变频器输出波形的一个周期中产生多个脉冲，其等值电压为正弦波，波形平滑且谐波少。

4）按工作原理分类。

① U/f（VVVF 控制）控制变频器——对变频器的输出电压和频率同时进行控制，通过保持 U/f 恒定使电动机获得所需的转矩特性。多用于精度要求不高的通用变频器中。

② SF（转差频率控制）控制变频器——是在 U/f（VVVF 控制）控制基础上的一种改进方式，变频器通过电动机、速度传感器构成的速度反馈闭环调速系统。变频器的输出频率由电动机的实际转速与转差频率之和来自动设定，从而达到在调速控制的同时也使输出转矩得到控制。

③ VC（矢量控制）控制变频器——基本思想是将异步电动机的定子电流分解为产生磁场的电流分量（励磁电流）和与其垂直的产生转矩的电流分量（转矩电流），并分别加以控制。显然该控制方式必须同时控制异步电动机定子电流的幅值和相位，即控制定子电流矢量（即矢量控制）。

5）按用途分类。

① 通用变频器——通用变频器的两个发展方向就是低成本的简易通用变频器和高性能多功能的通用变频器。

② 高性能专用变频器——VC 变频器及其专用电动机构成的交流伺服系统已经达到和超过直流伺服系统。

③ 高频变频器——PAM 控制的高频变频器，其主频可达 3kHz，驱动两极异步电动机的最高速度为 1800r/min。

④ 高压变频器——分间接式高压变频器和直接式高压变频器。用低压变频器通过升降压变压器构成"高—低—高"式高压变频器即间接式高压变频器；采用大容量 GTO 晶闸管或 GCT 串联方式，不经变压器直接将高压电源整流为直流，再逆变输出高压，构成"高—高"式高压变频器即直接式高压变频器。

（6）MM420 三相变频器的接线端子

MM420 三相变频器默认设置的电动机基本频率是 50Hz。如果实际使用的电动机基本频率为 60Hz，那么，变频器可以通过 DIP 开关将电动机的基本频率设定为 60Hz。DIP 开关位置，如图 2-13 所示。

Off 位置：欧洲地区的默认设置（50Hz，kW）。

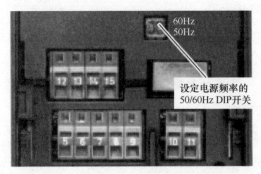

图 2-13 MM420 变频器的 DIP 开关

On 位置：北美地区的默认设置（60Hz，hp）。

如图 2-14 所示为 MM420 变频器的功率接线端子，三相 380V 电源由 L1、L2、L3 输入，三相交流异步电动机接 U、V、W。

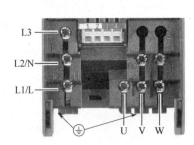

图 2-14 MM420 变频器的功率接线端子

MM420 的控制接线端子，如图 2-15 所示，其相应的定义，见表 2-2。

图 2-15 MM420 变频器的控制接线端子

2.3.7 编码器技术

工业机器人位置检测元件的要求及分类如下：

位置检测元件是闭环（半闭环、闭环、混合闭环）进给伺服系统中重要的组成部分，它检测伺服电动机转子的角位移和速度，将信号反馈到伺服驱动装置或 IPC 单元与预先给定的理想值相比较，得到的差值用于实现位置闭环控制和速度闭环控制。检测元件通常利用光或磁的原理完成位置或速度的检测。

检测元件的精度一般用分辨率表示，它是检测元件所能正确检测的最小数量单位，它由检测元件本身的品质以及测量电路决定。在工业机器人位置检测接口电路中常对反馈信号进行倍频处理，以进一步提高测量精度。

表 2-2　　　　　　　　　　　　MM420 变频器端子定义表

端子号	标识	功　能
1	—	输出＋10V
2	—	输出 0V
3	ADC＋	模拟输入（＋）
4	ADC－	模拟输入（－）
5	DIN1	数字输入 1
6	DIN2	数字输入 2
7	DIN3	数字输入 3
8	—	带电位隔离的输出＋24V/最大,100mA
9	—	带电位隔离的输出 0V/最大,100mA
10	RL1-B	数字输出/NO（常开）触头
11	RL1-C	数字输出//切换触头
12	DAC＋	模拟输出（＋）
13	DAC－	模拟输出（－）
14	P＋	RS485 串行接口
15	N－	RS485 串行接口

位置检测元件一般也可以用于速度测量,位置检测和速度检测可以采用各自独立的检测元件,例如速度检测采用测速电动机,位置检测采用光电编码器,也可以共用一个检测元件,例如都用光电编码器。

（1）对检测元件的要求

1）寿命长,可靠性要高,抗干扰能力强。

2）满足精度、速度和测量范围的要求。分辨率通常要求在 0.001～0.01mm 或更小,快速移动速度达到每分钟数十米,旋转速度达到 2500r/min 以上。

3）使用维护方便,适合机床的工作环境。

4）易于实现高速的动态测量和处理,易于实现自动化。

5）成本低。

不同类型的工业机器人对检测元件的精度与速度的要求不同。一般来说,要求测量元件的分辨率比加工精度高一个数量级。

（2）检测元件的分类

1）直接测量和间接测量。测量传感器按形状可分为直线型和回转型。若测量传感器所测量的指标就是所要求的指标,即直线型传感器测量直线位移,回转型传感器测量角位移,则该测量方式为直接测量。

典型的直接测量装置有光栅、编码器等。若回转传感器测量的角位移只是中间量，由它再推算出与之对应的工作台直线位移，那么该测量方式为间接测量，其测量精度取决于测量装置和机床传动链两者的精度。典型的间接测量装置有编码器、旋转变压器。

2) 增量式测量和绝对式测量。按测量装置编码方式可分为增量式测量和绝对式测量。增量式测量的特点是只测量位移增量，即工作台每移动一个基本长度单位，测量装置便发出一个测量信号，此信号通常是脉冲形式。典型的增量式测量装置为光栅和增量式光电编码器。

绝对式测量的特点是被测的任一点的位置相对于一个固定的零点来说，都有一对应的测量值，常以数据形式表示。典型的绝对式测量装置为接触式编码器及绝对式光电编码器。

3) 接触式测量和非接触式测量。接触式测量的测量传感器与被测对象间存在着机械联系，因此机床本身的变形、振动等因素会对测量产生一定的影响。典型的接触式测量装置有光栅、接触式编码器。非接触式测量传感器与测量对象是分离的，不发生机械联系。典型的非接触式测量装置有双频激光干涉仪、光电式编码器。

4) 数字式测量和模拟式测量。数字式测量以量化后的数字形式表示被测的量。数字式测量的特点是测量装置简单，信号抗干扰能力强，且便于显示处理，典型的数字式测量装置有光电编码器、接触式编码器、光栅等。模拟式测量是被测的量用连续的变量表示，如用电压、相位的变化来表示。典型的模拟式测量装置有旋转变压器等。

(3) 增量式光电编码器。光电编码器利用光电原理把机械角位移变换成电脉冲信号，它是最常用的位置检测元件。光电编码器按输出信号与对应位置的关系，通常分为增量式光电编码器、绝对式光电编码器和混合式光电编码器。

如图 2-16 所示，增量式光电编码器由连接轴 1、支承轴承 2、光栅 3、光电码盘 4、

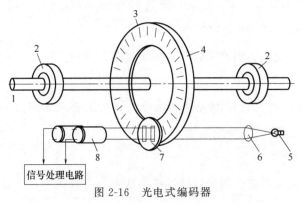

图 2-16　光电式编码器

1—连接轴　2—支承轴承　3—光栅　4—光电码盘

5—光源　6—聚光镜　7—光栏板　8—光敏元件

光源 5、聚光镜 6、光栏板 7、光敏元件 8 和信号处理电路组成。当光电码盘随工作轴一起转动时，光源通过聚光镜，透过光电码盘和光栏板形成忽明忽暗的光信号，光敏元件把光信号转换成电信号，然后通过信号处理电路的整形、放大、分频、计数、译码后输出或显示。为了测量转向，光栏板的两个狭缝距离应为 $m \pm 1/4r$（r 为光电码盘两个狭缝之间的距离即节距，m 为任意整数），这样两个光敏元件的输出信号（分别称为 A 信号和 B 信号）相对于脉冲周期来说相差 $\pi/2$ 相位，将输出信号送入鉴相电路，即可判断光电码盘的旋转方向。

由于光电编码器每转过一个分辨角就发出一个脉冲信号，因此根据脉冲数目可得出工作轴的回转角度，然后由传动比换算出直线位移距离；根据脉冲频率可得工作轴的转速；根据光栏板上两个狭缝中信号的相位先后，可判断工作轴的正、反转。

此外，在光电编码器的内圈还增加一条透光条纹 Z，每一转产生一个零位脉冲信号。在进给电动机所用的光电编码器上，零位脉冲用于精确确定参考点。

增量式光电编码器输出信号的种类有差动输出、电平输出、集电极（OC 门）输出等。差动信号传输因抗干扰能力强而得到了广泛采用。

IPC 装置的接口电路通常会对接收到的增量式光电编码器差动信号作四倍频处理，从而提高检测精度，方法是从 A 和 B 的上升沿和下降沿各取一个脉冲，则每转所检测的脉冲数为原来的四倍。

进给电动机常用增量式光电编码器的分辨率有 2000p/r、2024p/r、2500p/r 等。目前，光电编码器每转可发出数万至数百万个方波信号，因此可满足高精度位置检测的需要。

光电编码器的安装有两种形式：一种是安装在伺服电动机的非输出轴端，称为内装式编码器，用于半闭环控制；一种是安装在传动链末端，称为外置式编码器，用于闭环控制。光电编码器安装时要保证连接部位可靠、不松动，否则会影响位置检测精度，引起进给运动不稳定，使自动化设备产生振动。

（4）绝对式光电编码器

绝对式光电编码器的光盘上有透光和不透光的编码图案，编码方式可以有二进制编码、二进制循环编码、二至十进制编码等。绝对式光电编码器通过读取编码盘上的编码图案来确定位置。

如图 2-17 所示是绝对式光电编码器的编码盘原理示意图和结构图。码盘上有四圈码道。所谓码道就是码盘上的同心圆。按照二进制分布规律，把每圈码道加工成透明和不透明相间的形式。码盘的一侧安装光源，另一侧安装一排径向排列的光电管，每个光电管对准一条码道。当光源照射码盘时，如果是透明区，则光线被光电管接收，并转变成

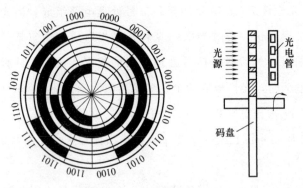

图 2-17　绝对式光电编码器

电信号，输出信号为"1"；如果是不透明区，光电管接收不到光线，输出信号为"0"。被测工作轴带动码盘旋转时，光电管输出的信息就代表了轴的对应位置，即绝对位置。

绝对式光电编码器大多采用格雷码编盘。格雷码的特点是每一相邻数码之间仅改变一位二进制数，这样，即使制作和安装不十分准确，产生的误差最多也只是最低位的一位数。

绝对式光电编码器转过的圈数由 RAM 保存，断电后由后备电池供电，保证机床的位置即使断电或断电后又移动也能够正确地记录下来。因此采用绝对式光电编码器进给电动机的自动化设备只要出厂时建立过机床坐标系，则以后就不用再做回参考点的操作，保证机床坐标系一直有效。绝对式光电编码器与进给驱动装置或 IPC 通常采用通信的方式来反馈位置信息。

编码器接线的注意事项：

1）编码器连接线线径。采用屏蔽电缆（最好选用绞合屏蔽电缆），导线截面积≥0.12mm^2（AWG24-26），屏蔽层须接接线插头的金属外壳。

2）编码器连接线线长。电缆长度尽可能短，且其屏蔽层应和编码器供电电源的 GNDD 信号相连（避免编码器反馈信号受到干扰）。

3）布线。远离动力线路布线，防止干扰串入。请给相关线路中的感性元件（线圈）安装浪涌吸引元件：直流线圈反向并联续流二极管，交流线圈并联阻容吸收回路。

4）驱动单元接不同的编码器时，与之相匹配的编码器线缆是不同的，请确认无误后再进行连接，否则有烧坏编码器的危险。

 任务总结

本任务介绍了工业机器人的电机驱动的原理和特点，并介绍步进电机、伺服系统、变频技术、编码器技术等相关知识。电机驱动方式是目前工业机器人最常用最普遍的方式。

练习与训练

 1）电机驱动系统主要优点是什么？

 2）电机驱动系统主要缺点是什么？

项目3 工业机器人的信号采集及通信

任务1 工业机器人运行到位信号检测

 任务描述

通过相关传感器的介绍，熟悉工业机器人运行到位的信号检测。

 任务能力目标

1）掌握光电传感器的原理和应用；

2）掌握磁性传感器的原理和应用。

 实施过程

3.1.1 光电传感器

光电传感器是将光信号转换为电信号的一种器件，其工作原理基于光电效应。光电效应是指光照射在某些物质上时，物质的电子吸收光子的能量而发生了相应的电效应现象。根据光电效应现象的不同将光电效应分为三类：外光电效应、内光电效应及光生伏特效应。光电器件有光电管、光电倍增管、光敏电阻、光敏二极管、光敏三极管、光电池等。

（1）工作原理

光电传感器一般由处理通路和处理元件两部分组成，其基本原理是以光电效应为基础，把被测量的变化转换成光信号的变化，然后借助光电元件进一步将非电信号转换成电信号。光电效应是指用光照射某一物体，可以看作是一连串带有一定能量的光子轰击在这个物体上，此时光子能量就传递给电子，并且是一个光子的全部能量一次性地被一个电子所吸收，电子得到光子传递的能量后其状态就会发生变化，从而使受光照射的物体产生相应的电效应。通常把光电效应分为三类：①在光线作用下能使电子逸出物体表面的现象称为外光电效应，如光电管、光电倍增管等；②在光线作用下能使物体的电阻率改变的现象称为内光电效应，如光敏电阻、光敏晶体管等；③在光线作用下，物体产生一定方向电动势的现象称为光生伏特效应，如光电池等。

光电检测方法具有精度高、反应快、非接触等优点，而且可测参数多，传感器的结构简单，形式灵活多样，因此，光电式传感器在检测和控制中应用非常广泛。

光电传感器是各种光电检测系统中实现光电转换的关键元件，它是把光信号（可见及紫外镭射光）转变成为电信号的器件。

光电传感器是以光电器件作为转换元件的传感器。它可用于检测直接引起光量变化的非电物理量，如光强、光照度、辐射测温、气体成分分析等；也可用来检测能转换成光量变化的其他非电量，如零件直径、表面粗糙度、应变、位移、振动、速度、加速度，以及物体的形状、工作状态的识别等。光电传感器具有非接触、响应快、性能可靠等特点，因此在工业自动化装置和机器人中获得了广泛应用。新的光电器件不断涌现，特别是CCD图像传感器的诞生，为光电传感器的进一步应用开创了新的一页。

由光通量对光电元件的作用原理不同所制成的光学测控系统是多种多样的，按光电元件（光学测控系统）输出量性质可分为两类，即模拟式光电传感器和脉冲（开关）式光电传感器。模拟式光电传感器是将被测量转换成连续变化的光电流，它与被测量间呈单值关系。模拟式光电传感器按被测量（检测目标物体）方法可分为透射（吸收）式、漫反射式、遮光式（光束阻挡）三大类。所谓透射式是指被测物体放在光路中，恒光源发出的光能量穿过被测物，部分被吸收后，透射光投射到光电元件上；所谓漫反射式是指恒光源发出的光投射到被测物上，再从被测物体表面反射后投射到光电元件上；所谓遮光式是指当光源发出的光通量经被测物光遮掉其中一部分，使投射到光电元件上的光通量改变，改变的程度与被测物体在光路中的位置有关。

光敏二极管是最常见的光传感器。光敏二极管的外形与一般二极管一样，当无光照时，它与普通二极管一样，反向电流很小，称为光敏二极管的暗电流；当有光照时，载流子被激发，产生电子—空穴，称为光电载流子。在外电场的作用下，光电载流子参与导电，形成比暗电流大得多的反向电流，该反向电流称为光电流。光电流的大小与光照强度成正比，于是在负载电阻上就能得到随光照强度变化而变化的电信号。

光敏三极管除了具有光敏二极管能将光信号转换成电信号的功能外，还有对电信号放大的功能。光敏三极管的外形与一般三极管相差不大，一般光敏三极管只引出两个极——发射极和集电极，基极不引出，管壳同样开窗口，以便光线射入。为增大光照，基区面积做得很大，发射区较小，入射光主要被基区吸收。工作时集电结反偏，发射结正偏。在无光照时管子流过的电流为暗电流 $I_{ceo}=(1+\beta)I_{cbo}$（很小），比一般三极管的穿透电流还小；当有光照时，激发大量的电子—空穴对，使得基极产生的电流 I_b 增大，此刻流过管子的电流称为光电流，发射极电流 $I_e=(1+\beta)I_b$，可见光电三极管要比光电二极管具有更高的灵敏度。

（2）光电传感器结构

光电传感器是通过把光强度的变化转换成电信号的变化来实现控制的。

光电传感器在一般情况下，由三部分构成，它们分别为发送器、接收器和检测电路。

发送器对准目标发射光束，发射的光束一般来源于半导体光源、发光二极管（LED）、激光二极管及红外发射二极管。光束不间断地发射，或者改变脉冲宽度。接收器由光电二极管、光电三极管、光电池组成。在接收器的前面，装有光学元件如透镜和光圈等，在其后面是检测电路，它能滤出有效信号和应用该信号。

此外，光电开关的结构元件中还有发射板和光导纤维。

光电传感器分类和工作方式如下：

① 槽型光电传感器。把一个光发射器和一个接收器面对面地装在一个槽的两侧组成槽形光电传感器。发光器能发出红外光或可见光，在无阻情况下光接收器能接收到光。但当被检测物体从槽中通过时，光被遮挡，光电开关便动作，输出一个开关控制信号，切断或接通负载电流，从而完成一次控制动作。槽形开关的检测距离因为受整体结构的限制一般只有几厘米。

② 对射型光电传感器。若把发光器和收光器分离开，就可使检测距离加大，一个发光器和一个收光器组成对射分离式光电开关，简称对射式光电开关。对射式光电开关的检测距离可达几米乃至几十米。使用对射式光电开关时把发光器和收光器分别装在检测物通过路径的两侧，检测物通过时阻挡光路，收光器就动作输出一个开关控制信号。

③ 反光板型光电开关。把发光器和收光器装入同一个装置内，在前方装一块反光板，利用反射原理完成光电控制作用，称为反光板反射式（或反射镜反射式）光电开关。正常情况下，发光器发出的光源被反光板反射回来再被收光器收到；一旦被检测物挡住光路，收光器收不到光时，光电开关就动作，输出一个开关控制信号。

④ 扩散反射型光电开关。扩散反射型光电开关的检测头里也装有一个发光器和一个收光器，但扩散反射型光电开关前方没有反光板。正常情况下发光器发出的光收光器是找不到的。在检测时，当检测物通过时挡住了光，并把光部分反射回来，收光器就收到光信号，输出一个开关信号。

3.1.2 磁性传感器

磁性传感器是把磁场、电流、应力应变、温度、光等外界因素引起敏感元件磁性能变化转换成电信号，以这种方式来检测相应物理量的器件。磁传感器广泛用于现代工业和电子产品中以感应磁场强度来测量电流、位置、方向等物理参数。在现有技术中，有许多不同类型的传感器用于测量磁场和其他参数。

磁传感器分为三类：指南针、磁场感应器、位置传感器。指南针：地球会产生磁场，如果你能测地球表面磁场就可以做指南针。电流传感器：电流传感器也是磁场传感器。电流传感器可以用在家用电器、智能电网、电动车、风力发电等。位置传感器：如果一个磁体和磁传感器相互之间有位置变化，这个位置变化是线性的就是线性传感器，如果是转动的就是转动传感器。

磁传感器的发展在 20 世纪 70—80 年代形成高潮，90 年代是已发展起来的这些磁传感器的成熟和完善的时期。

1）集成电路技术的应用。将硅集成电路技术用于磁传感器，开始于 1967 年。Honeywell 公司 Microswitch 分部的科技人员将 Si 霍尔片和它的信号处理电路集成到一个单芯片上，制成了开关电路，首开了单片集成磁传感器之先河。到目前为止，已经出现了磁敏电阻电路、巨磁阻电路等许多种功能性的集成磁传感器。

2）InSb 薄膜技术的开发成功，使 InSb 霍尔元件产量大增，成本大幅度下降。最先运用这种技术获得成功的日本旭化成电子公司，如今可年产 5 亿只以上。

3）强磁性合金薄膜。1975 年面市的强磁性合金薄膜磁敏电阻器利用的是强磁合金薄膜中的磁敏电阻各向异性效应。在与薄膜表面平行的磁场作用下，以坡莫合金为代表的强磁性合金薄膜的电阻率呈现出 2%～5% 的变化。利用这种效应已制成三端、四端磁阻器件。四端磁阻桥已大量用于磁编码器中，用来检测和控制电机的转速。此外，还做成了磁阻磁强计、磁阻读头以及二维、三维磁阻器件等。它们可检测 10^{-10}～10^{-2} T 的弱磁场，灵敏度高、温度稳定性好，将成为弱磁场传感和检测的重要器件。

4）巨磁电阻多层膜。由不同金属、不同层数和层间材料的不同组合，可以制成不同机制的巨磁电阻磁传感器。它们呈现出的随磁场而变化的电阻率，比单层的各向异性磁敏电阻器的要高出几倍，正受到研制高密度记录磁盘读出头的科技人员的极大关注，已见有 5G 字节的自旋阀头的设计分析的报道。

5）各种不同成分和比例的非晶合金材料的采用，及其各种处理工艺的引入，给磁传感器的研制注入了新的活力，已研制和生产出了双芯多谐振荡桥磁传感器、非晶力矩传感器、压力传感器、热磁传感器、非晶大巴克豪森效应磁传感器等。发现的巨磁感应效应和巨磁阻抗效应，比巨磁电阻的响应灵敏度高一个量级，可能做成磁头，成为高密度磁盘读头的有力竞争者。利用非晶合金的高导磁率特性和可做成细丝的机械特性，将它们用于磁通门和威根德等器件中，取代坡莫合金芯，使器件性能得到大大的改善。

6）Ⅲ-Ⅴ族半导体异质结构材料。例如，在 InP 衬底上用分子束外延技术生长 In0.52Al0.48As/In0.8Ga0.2As，形成假晶结构，产生二维电子气层，其层厚是分子级的，这种材料的能带结构发生改变。用这种材料来制作霍尔元件，其灵敏度高于市售的 InSb 和 GaAs 元件，在 296K 时为 22.5V/T，灵敏度的温度系数也有大的改善，用恒定电流驱动时，为 -0.0084 [%]/K。用这种材料，除可制造霍尔器件外，还可用以制造磁敏场效应管、磁敏电阻器等。在国外，由于磁传感器已逐渐被广泛而大量地使用。

7）磁隧道结。早在 1975 年，Julliere 就在 Co/Ge/Fe 磁性隧道结（Magnetic Tunnel Junctions，MTJs）（注：MTJs 的一般结构为铁磁层/非磁绝缘层/铁磁层（FM/I/FM）的三明治结构）中观察到了 TMR 效应。MTJs 中两铁磁层间不存在或基本不存在层间耦合，只需要一个很小的外磁场即可将其中一个铁磁层的磁化方向反向，从而实现隧穿电阻的巨大变化，故 MTJs 较金属多层膜具有高得多的磁场灵敏度。同时，MTJs 这种结构本身电阻率很高、能耗小、性能稳定。因此，MTJs 无论是作为读出磁头、各类传感器，还是作为磁随机存储器（MRAM），都具有无与伦比的优点，其应用前景十分看好，引起世界各研究小组的高度重视。

磁传感器未来的发展趋势有以下几个特点：

1）高灵敏度。被检测信号的强度越来越弱，这就需要磁性传感器灵敏度得到极大提高。应用方面包括电流传感器、角度传感器、齿轮传感器、太空环境测量。

2）温度稳定性。更多的应用领域要求传感器的工作环境越来越严酷，这就要求磁传感器必须具有很好的温度稳定性，行业应用包括汽车电子行业。

3）抗干扰性。很多领域里传感器的使用环境没有任何屏蔽，就要求传感器本身具有很好的抗干扰性，包括汽车电子、水表等。

4）小型化、集成化、智能。要想做到以上需求，这就需要芯片级集成、模块级集成、产品级集成。

5）高频特性。随着应用领域的推广，要求传感器的工作频率越来越高，应用领域包括水表、汽车电子行业、信息记录行业。

6）低功耗。很多领域要求传感器本身的功耗极低，得以延长传感器的使用寿命。应用在植入身体内磁性生物芯片、指南针等。

 任务总结

本任务通过光电传感器、磁性传感器的工作原理介绍，熟悉工业机器人运行到位的信号检测方法。

练习与训练

1）简述光电传感器的工作原理。

2）简述磁性传感器的工作原理。

任务 2　产品检验检测

任务描述

通过相关视觉传感器的介绍，熟悉工业机器人如何进行产品是否合格的检测。

任务能力目标

1）掌握视觉传感器的原理和应用；

2）掌握通过视觉传感器检测产品的方法。

实施过程

3.2.1　视觉传感器的组成

视觉传感器是指利用光学元件和成像装置获取外部环境图像信息的仪器，通常用图像分辨率来描述视觉传感器的性能。视觉传感器的精度不仅与分辨率有关，而且同被测物体的检测距离相关。被测物体距离越远，其绝对的位置精度越差。

视觉传感器可以从一整幅图像捕获光线的数以千计的像素。图像的清晰和细腻程度通常用分辨率来衡量，以像素数量表示。Banner 工程公司提供的部分视觉传感器能够捕获 130 万像素。因此，无论距离目标数米或数厘米远，传感器都能"看到"十分细腻的目标图像。

在捕获图像之后，视觉传感器将其与内存中存储的基准图像进行比较，以做出分析。例如，若视觉传感器被设定为辨别正确地插有 8 颗螺栓的机器部件，则传感器知道应该拒收只有 7 颗螺栓的部件，或者螺栓未对准的部件。此外，无论该机器部件位于视场中的哪个位置，无论该部件是否在 360°范围内旋转，视觉传感器都能做出判断。

机器视觉系统就是利用机器代替人眼来做各种测量和判断。如图 3-1 所示，它是计算机科的一个重要分支，它综合了光学、机械、电子、计算机软硬件等方面的技术，涉及计算机、图像处理、模式识别、人工智能、信号处理、光机电一体化等多个领域。图像处理和模式识别等技术的快速发展，也大大地推动了机器视觉的发展。

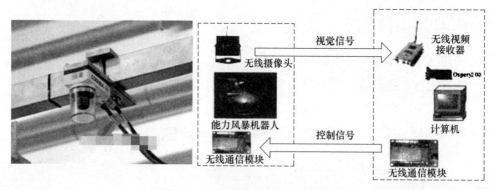

图 3-1　工业机器人视觉系统结构

视觉系统简单来说可以用三个既独立又相互联系的模块来概括：目标物图像的采集、图像的处理、指令的发出。

视觉系统的设计分为软件设计和硬件设计两大部分。

如图 3-2 所示，视觉系统的硬件主要由镜头、摄像机、图像采集卡、输入输出单元、控制装置构成。

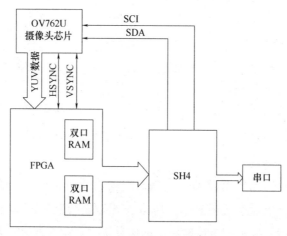

图 3-2　系统硬件体系结构图

一套视觉系统的好坏则分别取决于摄像机像素的高低，硬件质量的优劣，更重要的是各个部件间的相互配合和合理使用。

在恶劣的自然环境中，在生产的一线，在许多复杂的情况下，要想保证整个视觉系统的正常工作，构成系统的各个硬件就必须具有很好的耐磨损性和经受住各种不可预料的情况和考验。

3.2.2　工作过程

在生产线上，人来做此类测量和判断会因疲劳、个人之间的差异等产生误差和错误，但是机器却会不知疲倦地、稳定地进行下去。一般来说，机器视觉系统包括了照明系统、镜头、摄像系统和图像处理系统。对于每一个应用，我们都需要考虑系统的运行速度和图像的处理速度、使用彩色还是黑白摄像机、检测目标的尺寸还是检测目标有无缺陷、视场需要多大、分辨率需要多高、对比度需要多大等。从功能上来看，典型的机器视觉系统可以分为图像采集部分、图像处理部分和运动控制部分。

一个完整的机器视觉系统的主要工作过程如下：

1）工件定位检测器探测到物体已经运动至接近摄像系统的视野中心，向图像采集部分发送触发脉冲；

2）图像采集部分按照事先设定的程序和延时，分别向摄像机和照明系统发出启动脉冲；

3）摄像机停止目前的扫描，重新开始新的一帧扫描，或者摄像机在启动脉冲来到之前处于等待状态，启动脉冲到来后启动一帧扫描；

4）摄像机开始新的一帧扫描之前打开曝光机构，曝光时间可以事先设定；

5）另一个启动脉冲打开灯光照明，灯光的开启时间应该与摄像机的曝光时间匹配；

6）摄像机曝光后，正式开始一帧图像的扫描和输出；

7）图像采集部分接收模拟视频信号通过 A/D 将其数字化，或者是直接接收摄像机数字化后的数字视频数据；

8）图像采集部分将数字图像存放在处理器或计算机的内存中；

9）处理器对图像进行处理、分析、识别，获得测量结果或逻辑控制值；

10）处理结果控制流水线的动作、进行定位、纠正运动的误差等。

3.2.3 机器视觉系统的优点

1）非接触测量，对于观测者与被观测者都不会产生任何损伤，从而提高系统的可靠性。

2）具有较宽的光谱响应范围，例如使用人眼看不见的红外测量，扩展了人眼的视觉范围。

3）长时间稳定工作，人类难以长时间对同一对象进行观察，而机器视觉则可以长时间地作测量、分析和识别任务。

4）机器视觉系统的应用领域越来越广泛。在工业、农业、国防、交通、医疗、金融甚至体育、娱乐等行业都获得了广泛的应用，可以说已经深入到我们的生活、生产和工作的方方面面。

随着科技的进步和现代生产生活的需要，视觉系统正在机器，特别是智能机械的应

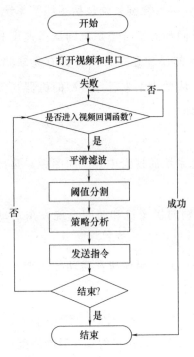

图 3-3　视觉导航软件处理的流程图

用中飞速发展，原有的系统硬件已不能适应新的需要，为此，必须提高硬件的水平和质量来保证系统的正常运行。

镜头、摄像机、图像采集卡、输入输出单元、控制装置就好像电脑的显示器、电源、主机（处理器、内存条、硬盘、显卡等）一样，每一个构成部件都很关键，它们质量如果不过关，整个机器就无法正常工作，更别说完成复杂的工作和给予的任务了。

视觉系统的软件设计至关重要，在当今信息化大趋势下，智能控制越来越依靠软件方面的功用。

视觉系统的软件设计是一个复杂的课题，不仅要考虑到程序设计的最优化，还要考虑到算法的有效性及其能否实现，在软件设计的过程中要考虑到可能出现的问题。

视觉系统的软件设计完成还要对其鲁棒性进行检测和提高，以适应复杂的外部环境。

一种视觉导航软件处理的流程图，如图 3-3 所示。

任务总结

本任务主要介绍了视觉传感器相关知识，视觉系统广泛应用于机器人系统中，作为产品检验检测的重要设备，为提高生产效率发挥了很大的作用。

练习与训练

简述视觉传感器的工作原理。

任务 3　产品信息存取

任务描述

通过条码、RFID 相关知识的介绍，熟悉产品信息的存取。

任务能力目标

1）掌握条码的原理和应用；

2）掌握 RFID 的原理和应用。

 实 施 过 程

3.3.1 条码

国际上，包括中国，统称为条形码（bar code），是将宽度不等的多个黑条和空白，按照一定的编码规则排列，用以表达一组信息的图形标识符。常见的条形码是由反射率相差很大的黑条（简称条）和白条（简称空）排成的平行线图案。条形码可以标出物品的生产国、制造厂家、商品名称、生产日期、图书分类号、邮件起止地点、类别、日期等许多信息，因而在商品流通、图书管理、邮政管理、银行系统等许多领域都得到广泛的应用。

条形码技术是在计算机应用中产生发展起来的一种广泛应用于商业、邮政、图书管理、仓储、工业生产过程控制、交通运输、包装、配送等领域的自动识别技术。它最早出现在 20 世纪 40 年代，是"由一组规则排列的条、空及其对应字符组成的，用以表示一定信息的标识"。

条形码自动识别系统由条形码标签、条形码生成设备、条形码识读器和计算机组成。

通用商品条形码一般由前缀部分、制造厂商代码、商品代码和校验码组成。商品条形码中的前缀码是用来标识国家或地区的代码，赋码权在国际物品编码协会，如 00-09 代表美国、加拿大，45-49 代表日本，69 代表中国大陆，471 代表中国台湾地区，489 代表中国香港。制造厂商代码的赋权在各个国家或地区的物品编码组织，中国由国家物品编码中心赋予制造厂商代码。商品代码是用来标识商品的代码，赋码权由产品生产企业自己行使。商品条形码最后用 1 位校验码来校验商品条形码中左起第 1～12 数字代码的正确性。商品条形码是指由一组规则排列的条、空及其对应字符组成的标识，用以表示一定的商品信息的符号，其中条为深色、空为浅色，用于条形码识读设备的扫描识读，其对应字符由一组阿拉伯数字组成，供人们直接识读或通过键盘向计算机输入数据使用。这一组条空和相应的字符所表示的信息是相同的。

条形码技术，是随着计算机与信息技术的发展和应用而诞生的，它是集编码、印刷、识别、数据采集和处理于一身的新型技术。

为了使商品能够在全世界自由、广泛地流通，企业无论是设计制作，申请注册还是使用商品条形码，都必须遵循商品条形码管理的有关规定。

（1）识别原理

要将按照一定规则编译出来的条形码转换成有意义的信息，需要经历扫描和译码两个过程。物体的颜色是由其反射光的类型决定的，白色物体能反射各种波长的可见光，

黑色物体则吸收各种波长的可见光。

（2）条形码制作

当条形码扫描器光源发出的光在条形码上反射后，反射光照射到条形码扫描器内部的光电转换器上，光电转换器根据强弱不同的反射光信号，转换成相应的电信号。根据原理的差异，扫描器可以分为光笔、CCD、激光、影像四种。电信号输出到条形码扫描器的放大电路增强信号之后，再送到整形电路将模拟信号转换成数字信号。白条、黑条的宽度不同，相应的电信号持续时间长短也不同。主要作用就是防止静区宽度不足。然后译码器通过测量脉冲数字电信号0、1的数目来判别条和空的数目。通过测量0、1信号持续的时间来判别条和空的宽度。此时所得到的数据仍然是杂乱无章的，要知道条形码所包含的信息，则需根据对应的编码规则（例如：EAN-8码），将条形符号转换成相应的数字、字符信息。最后，由计算机系统进行数据处理与管理，物品的详细信息便被识别了。

（3）条形码扫描原理

不论是采取何种规则印制的条形码，都由静区、起始字符、数据字符与终止字符组成。有些条码在数据字符与终止字符之间还有校验字符。

1）静区：静区也称空白区，分为左空白区和右空白区，左空白区是让扫描设备做好扫描准备，右空白区是保证扫描设备正确识别条码的结束标记。

为了防止左右空白区（静区）在印刷排版时被无意中占用，可在空白区加印一个符号（左侧没有数字时加印<；号，右侧没有数字时加印>；号），这个符号就叫静区标记。主要作用就是防止静区宽度不足。只要静区宽度能保证，有没有这个符号都不影响条码的识别。

2）起始字符：第一位字符，具有特殊结构，当扫描器读取到该字符时，便开始正式读取代码了。

3）数据字符：条形码的主要内容。

4）校验字符：检验读取到的数据是否正确。不同编码规则可能会有不同的校验规则。

5）终止字符：最后一位字符，一样具有特殊结构，用于告知代码扫描完毕，同时还起到只是进行校验计算的作用。

为了方便双向扫描，起止字符具有不对称结构。因此扫描器扫描时可以自动对条码信息重新排列。

（4）条形码扫描器

条形码的扫描需要使用扫描器，扫描器利用自身光源照射条形码，再利用光电转换器接收反射的光线，将反射光线的明暗转换成数字信号。

条形码扫描器有光笔、CCD、激光、影像四种。

1）光笔：最原始的扫描方式，需要手动移动光笔，并且还要与条形码接触。

2）CCD：以 CCD 作为光电转换器，LED 作为发光光源的扫描器。在一定范围内，可以实现自动扫描。并且可以阅读各种材料、不平表面上的条码，成本也较为低廉。但是与激光式相比，扫描距离较短。

3）激光：以激光作为发光源的扫描器，又可分为线型、全角度等几种。

4）影像：以光源拍照，利用自带硬解码板解码，通常影像扫描可以同时扫描一维及二维条码，如 Honeywell 引擎。

5）线型：多用于手持式扫描器，范围远，准确性高。

6）全角度：多为工业级固定式扫描，自动化程度高，在各种方向上都可以自动读取条形码及输出电平信号，结合传感器使用。

（5）条形码优点介绍

条形码是迄今为止最经济、实用的一种自动识别技术。条形码技术具有以下几个方面的优点：

1）输入速度快：与键盘输入相比，条形码输入的速度是键盘输入的 5 倍，并且能实现"即时数据输入"。

2）可靠性高：键盘输入数据出错率为三百分之一，利用光学字符识别技术出错率为万分之一，而采用条形码技术误码率低于百万分之一。

3）采集信息量大：利用传统的一维条形码一次可采集几十位字符的信息，二维条形码更可以携带数千个字符的信息，并有一定的自动纠错能力。

4）灵活实用：条形码标识既可以作为一种识别手段单独使用，也可以和有关识别设备组成一个系统实现自动化识别，还可以和其他控制设备连接起来实现自动化管理。

5）条形码标签易于制作，对设备和材料没有特殊要求，识别设备操作容易，不需要特殊培训，且设备也相对便宜。

6）成本非常低。在零售业领域，因为条形码是印刷在商品包装上的，所以其成本几乎为零。

（6）编码规则

1）唯一性：同种规格同种产品对应同一个产品代码，同种产品不同规格应对应不同的产品代码。根据产品的不同性质，如：重量、包装、规格、气味、颜色、形状等，赋予不同的商品代码。

2）永久性：产品代码一经分配，就不再更改，并且是终身的。当此种产品不再生产时，其对应的产品代码只能搁置起来，不得重复启用再分配给其他的商品。

3）无含义：为了保证代码有足够的容量以适应产品频繁的更新换代的需要，最好采用无含义的顺序码。

（7）条形码校验码公式

首先，把条形码从右往左依次编序号为"1，2，3，4，…"从序号 2 开始把所有偶数序号位上的数相加求和，用求出的和乘 3，再从序号 3 开始把所有奇数序号上的数相加求和，用求出的和加上刚才偶数序号上的数，然后得出和。再用 10 减去这个和的个位数，就得出校验码。

举个例子：

此条形码为：977167121601X（X 为校验码）。

① 1＋6＋2＋7＋1＋7＝24；

② 24×3＝72；

③ 0＋1＋1＋6＋7＋9＝24；

④ 72＋24＝96；

⑤ 10－6＝4；

所以最后校验码 X＝4。此条形码为 9771671216014。

如果第 5 步的结果个位为 10，校验码是 0，也就是说第 4 步个位为 0 的情况。

（8）条码等级

通常用美标检测法"A"~"F"五个质量等级，"A"级为最好，"D"级为最差，"F"级为不合格。A 级条码能够被很好地识读，适合只沿一条线扫描并且只扫描一次的场合。B 级条码在识读中的表现不如 A 级，适合于只沿一条线扫描但允许重复扫描的场合。C 级条码可能需要更多次地重复扫描，通常要使用能重复扫描并有多条扫描线的设备才能获得比较好的识读效果。D 级条码可能无法被某些设备识读，要获得好的识读效果，则要使用能重复扫描并具有多条扫描线的设备。F 级条码是不合格品，不能使用。

（9）码制区别

1）条形码 UPC（统一产品代码）。只能表示数字，有 A、B、C、D、E 五个版本。版本 A——12 位数字，版本 E——7 位数字，最后一位为校验位，大小是宽 1.5 英寸高 1 英寸，而且背景要清晰，主要使用于美国和加拿大地区，用于工业、医药、仓库等部门。当 UPC 作为十二位进行解码时，定义如下：第 1 位＝数字标识〔已经由 UCC（统一代码委员会）所建立〕，第 2~6 位＝生产厂家的标识号（包括第 1 位），第 7~11 位＝唯一的厂家产品代码，第 12 位＝校验位。

2）条形码 Code 3。能表示字母、数字和其他一些符号，共 43 个字符：A~Z，0~9，－，．，＄，／，＋，％，Space。条形码的长度是可变化的，通常用"＊"号作为起始、终止符校验码，不用代码，密度介于 3～9.4 个字符/英寸，空白区是窄条的 10 倍，用于工业、图书以及票证自动化管理上。

3）条形码 Code 128。表示高密度数据，字符串可变长，符号内含校验码，有三种不同版本：A，B and C，可用 128 个字符分别在 A，B or C 三个字符串集合中，用于工业、仓库、零售批发。

4）Interleaved 2-of-5（I 2 of 5）

只能表示数字 0～9 可变长度，连续性条形码，所有条与空都表示代码，第一个数字由条开始，第二个数字由空组成，空白区比窄条宽 10 倍，应用于商品批发、仓库、机场、生产/包装识别、工业中，条形码的识读率高，可用于固定扫描器可靠扫描，在所有一维条形码中的密度最高。

5）条形码 Codebar（库德巴码）。可表示数字 0～9，字符 $、＋、－，还有只能用作起始/终止符的 a、b、c、d 四个字符，可变长度，没有校验位，应用于物料管理、图书馆、血站和当前的机场包裹发送中，空白区比窄条宽 10 倍，非连续性条形码，每个字符表示为 4 条 3 空。Codebar 又名 NW 7，NW 7 是在日本的叫法。

6）条形码 QR 码。QR 码呈正方形，常见的是黑白两色。在 3 个角落，印有较小、像"回"字的正方形图案。这 3 个是帮助解码软件定位的图案，用户不需要对准，无论以任何角度扫描，数据仍可被正确读取。

除了标准的 QR 码之外，也存在一种称为"微型 QR 码"的格式，是 QR 码标准的缩小版本，主要是为了无法处理较大型扫描的应用而设计。微型 QR 码同样有多种标准，最高可存储 35 个字符。

（10）条码解析

商品条码数字的含义（EAN-13）。以条形码 6936983800013 为例，此条形码分为 4 个部分，从左到右分别为：

1～3 位：共 3 位，对应该条码的 693，是中国的国家代码之一（690～695 都是中国大陆的代码，由国际上分配）。

4～8 位：共 5 位，对应该条码的 69838，代表着生产厂商代码，由厂商申请，国家分配。

9～12 位：共 4 位，对应该条码的 0001，代表着厂内商品代码，由厂商自行确定。

第 13 位：共 1 位，对应该条码的 3，是校验码，依据一定的算法，由前面 12 位数字计算而得到。

公式第 13 位算法：

① 取出该数的奇数位的和，$c_1 = 6 + 3 + 9 + 3 + 0 + 0 = 21$；

② 取出该数的偶数位的和，c2＝9＋6＋8＋8＋0＋1＝32；

③ 将奇数位的和与"偶数位的和的三倍"相加。

④ 取出结果的个位数：117（117％10＝7）；

⑤ 用 10 减去这个个位数：10-7＝3；

⑥ 对得到的数再取个位数（对 10 取余）3％10＝3。

3.3.2 RFID

RFID 是 Radio Frequency Identification 的缩写，即射频识别，是一种非接触式的自动识别技术，它通过射频信号自动识别目标对象，可快速地进行物品追踪和数据交换。识别工作无须人工干预，可工作于各种恶劣环境。RFID 技术可识别高速运动物体并可同时识别多个标签，操作快捷方便。RFID 技术诞生于第二次世界大战期间，它是传统条形码技术的继承者，又称为"电子标签"或"射频标签"。

RFID 系统在具体的应用过程中，根据不同的应用目的和应用环境，RFID 系统的组成会有所不同，但从 RFID 系统的工作原理来看，系统一般都由信号发射机、信号接收机和发射接收天线几部分组成。

1）信号发射机。在 RFID 系统中，信号发射机为了不同的应用目的，会以不同的形式存在，典型的形式是标签（TAG）。标签相当于条码技术中的条码符号，用来存储需要识别传输的信息，另外，与条码不同的是，标签必须能够自动或在外力的作用下，把存储的信息主动发射出去。标签一般是带有线圈、天线、存储器与控制系统的低电集成电路。

2）信号接收机。在 RFID 系统中，信号接收机一般叫作阅读器。根据支持的标签类型不同与完成的功能不同，阅读器的复杂程度是显著不同的。阅读器基本的功能就是提供与标签进行数据传输的途径。另外，阅读器还提供相当复杂的信号状态控制、奇偶错误校验与更正功能等。标签中除了存储需要传输的信息外，还必须含有一定的附加信息，如错误校验信息等。识别数据信息和附加信息按照一定的结构编制在一起，并按照特定的顺序向外发送。阅读器通过接收到的附加信息来控制数据流的发送。一旦到达阅读器的信息被正确地接收和译解后，阅读器通过特定的算法决定是否需要发射机对发送的信号重发一次，或者直到发射机停止发信号，这就是"命令响应协议"。使用这种协议，即便在很短的时间、很小的空间阅读多个标签，也可以有效地防止"欺骗问题"的产生。

3）天线是标签与阅读器之间传输数据的发射、接收装置。在实际应用中，除了系统功率，天线的形状和相对位置也会影响数据的发射和接收，需要专业人员对系统的天线进行设计、安装。

阅读器通过发射天线发送一定频率的射频信号,当射频卡进入发射天线工作区域时产生感应电流,射频卡获得能量被激活;射频卡将自身编码等信息通过卡内置发送天线发送出去;系统接收天线接收到从射频卡发送来的载波信号,经天线调节器传送到阅读器,阅读器对接收的信号进行解调和解码然后送到后台主系统进行相关处理;主系统根据逻辑运算判断该卡的合法性,针对不同的设定做出相应的处理和控制,发出指令信号控制执行机构动作。

　　在耦合方式(电感-电磁)、通信流程(FDX、HDX、SEQ)、从射频卡到阅读器的数据传输方法(负载调制、反向散射、高次谐波)以及频率范围等方面,不同的非接触传输方法有根本的区别,但所有的阅读器在功能原理上,以及由此决定的设计构造上都很相似,所有阅读器均可简化为高频接口和控制单元两个基本模块。高频接口包含发送器和接收器,其功能包括:产生高频发射功率以启动射频卡并提供能量;对发射信号进行调制,用于将数据传送给射频卡;接收并解调来自射频卡的高频信号。

　　RFID 系统的主要工作频率和有效识别距离为:低频 125～134kHz,识别距离小于 0.5m;高频 13.56MHz,识别距离小于 1m;特高频 902～928MHz,识别距离 4～8m;微波为 2.54GHz,识别距离可达 100m。RFID 的识别距离可从几厘米到十几米,应用范围十分广泛,如我国第二代身份证采用的就是 13.56MHz。

 任务总结

　　本任务主要介绍了条形码、RFID 相关知识,目前的产品主要通过这两种方式进行产品信息的存取。

 练习与训练

　　1)条形码的信息存取规则有哪些?

　　2)RFID 的信息存取规则有哪些?

项目4 工业机器人常用辅助控制电器元件的安装和接线

任务1 主令电器的安装和接线

任务描述

通过主令电器的介绍，熟悉主令电器的原理及安装接线方法。

任务能力目标

1）掌握主令电器的原理和应用；

2）掌握主令电器的安装接线。

实施过程

主令电器是一种在电气自动控制系统中用于发送或转换控制指令的电器。它一般用于控制接触器、继电器或其他电器线路，使电路接通或分断，从而实现对电力传输系统或生产过程的自动控制。

主令电器应用广泛，种类繁多，常用的有控制按钮、行程开关、接近开关、万能转换开关和主令控制器等。主令电器的开关特性如图4-1所示。

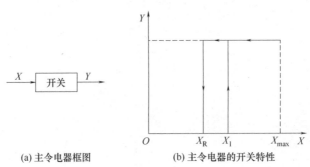

(a) 主令电器框图　　　　　　(b) 主令电器的开关特性

图 4-1　主令电器的开关特性

图中 X 为主令电器的输入量（电压、电流、作用力、作用距离），Y 为主令电器的输出量（光、电压、电流等）。X_1 为产生输出的最小输入量，称动作值；X_R 为输出截止的最大输入量，称为返回值或释放值；X_{max} 为允许最大输入值。

主令电器的主要技术参数有：额定工作电压、额定发热电流、额定控制功率（或工作电流）、输入动作参数和开关特性、工作精度、机械寿命及电器寿命、工作可靠性等。

控制按钮简称按钮，是一种用来接通或分断小电流电路的低压手动电器，结构简单且应用广泛，属于控制电器。在低压控制系统中，手动发出控制信号，可远距离操作各种电磁开关，如继电器和接触器等，转换各种信号电路和电气连锁电路。

（1）工作原理

控制按钮的结构和图形符号如图 4-2 所示，它由按钮帽、动触点、静触点和复位弹簧等构成。按钮中的触头可根据实际需要配成一常开一常闭至六常开六常闭等不同的形式。将按钮帽按下时，下面一对原来断开的静触点被桥式动触点接通，以接通某一控制电路；而上面一对原来接通的静触点则被断开，以断开另一控制回路。按钮帽释放后，在复位弹簧的作用下，按钮触点自动复位的先后顺序相反。通常，在无特殊说明的情况下，有触点电器的触点动作顺序均为"先断后合"。

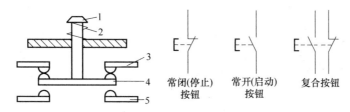

图 4-2　控制按钮结构示意图及符号

1—按钮帽　2—复位弹簧　3—常闭静触头　4—动触头　5—常开静触头

在电器控制线路中，常开按钮常用来启动电动机，也称启动按钮，常闭按钮常用于控制电动机停车，也称为停车按钮，复合按钮用于连锁控制电路中。

（2）种类形式

控制按钮的种类很多，在结构上有嵌压式、紧急式、钥匙式、旋钮式、带灯式等。为了标明各个按钮的作用，避免误操作，通常将按钮帽做成不同的颜色，以示区别。按钮帽的颜色有红、绿、黑、黄、蓝等，一般用红色表示停止按钮，绿色表示启动按钮。

（3）选择原则

控制按钮主要根据使用场合、被控电路所需要的触点数、触点形式及按钮的颜色等因素综合考虑来选用。使用前应检查按钮动作是否灵活，弹性是否正常，触点接触是否良好可靠。由于按钮触点间距较小，因此应注意触点间的漏电或短路情况。

① 根据使用场合，选择控制按钮的种类，如开启式、防水式、防腐式等；

② 根据用途，选用合适的形式，如钥匙式、紧急式、带灯式等；

③ 按控制回路的需要，确定不同的按钮数，如单钮、双钮、三钮、多钮等；

④ 按工作状态指示和工作情况的要求，选择按钮及指示灯的颜色。

（4）控制按钮的型号

通常控制按钮有单式、复式和三联式三种类型，主要产品有 LA18、LA19 和 LA20 系列。LA18 系列采用积木式结构，其触头数量可根据需要拼装，一般装成两个动和两个闭的形式；还可按需要装一动和一断至六动和六断形式。从控制按钮的结构形式来分类，可将其分为开启式、旋钮式、紧急式与钥匙式等形式。LA20 系列有带指示灯和不带指示灯两种。

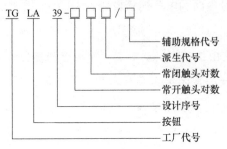

图 4-3　控制按钮型号规格图解

为识别各个按钮的作用，以避免误操作，通常将按钮帽涂以不同的颜色，以示区别。常以绿色表示启动按钮，而红色表示停止按钮。

按钮型号规格的含义，如图 4-3 所示。

 任务总结

本任务主要介绍了主令电器相关知识，要求能熟悉主令电器的原理及安装接线方法。

 练习与训练

1）主令电器的工作原理是什么？

2）主令电器的安装原则是什么？

任务 2　断路保护装置的安装和接线

 任务描述

通过断路保护装置的介绍，熟悉断路保护装置的原理及安装接线方法。

 任务能力目标

1）掌握断路保护装置的原理和应用；

2）掌握断路保护装置的安装接线。

低压断路器通常称为自动开关或空气开关，具有控制电器和保护电器的复合功能，可用于设备主电路及分支电路的通断控制。当电路发生短路、过载或欠电压等故障时能自动分断电路。在正常情况下也可用作不频繁地直接接通和断开电动机控制电路。

低压断路器的种类繁多，按其用途和结构特点分为 DW 型框架式（或称万能式）断路器、DZ 型塑料外壳式（或称装置式）断路器、DS 型直流快速断路器和 DWX 型/DWZ 型限流式断路器等。

框架式断路器规格、体积都比较大些，主要用作配电线路的保护开关，而塑料外壳式断路器相对要小，除用作配电线路的保护开关外，还可用作电动机、照明电路及电热电路的控制，因此机电设备主要使用塑料外壳式断路器。塑料外壳式断路器如图 4-4 所示。

图 4-4　塑料外壳式断路器

4.2.1　低压断路器的结构与工作原理

低压断路器主要由 3 个基本部分组成，即触头、灭弧系统和各种脱扣器，脱扣器又包括过电流脱扣器、欠电压脱扣器、热脱扣器、分励脱扣器和自由脱扣器。图 4-5 是断路器工作原理示意图及图形符号。

低压断路器合闸或分断操作是靠操作机构手动或电动进行的，合闸后自由脱扣机构将触头锁在合闸位置上，使触头闭合。当电路发生故障时，通过各自的脱扣器使自由脱扣机构动作，以实现起保护作用的自动分断。

过流脱扣器、欠压脱扣器和热脱扣器实质都是电磁铁。在正常情况下，过流脱扣器的衔铁是释放着的，电路一旦发生严重过载或短路故障时，与主电路相串联的线圈将产生较强的电磁吸力吸引衔铁，从而推动杠杆顶开锁钩，使主触点断开。失压脱扣器的工作情况恰恰相反，在电压正常时，吸住衔铁才不影响主触点的闭合，一旦电压严重下降或断电时，电磁吸力不足或消失，衔铁被释放而推动杠杆，使主触点断开。热脱扣器是

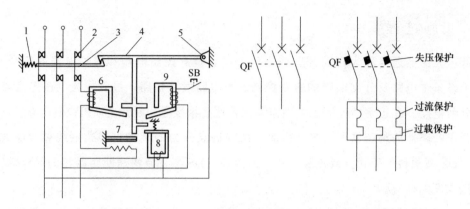

图 4-5　断路器图形符号

1—分闸弹簧　2—主触头　3—传动杆　4—锁扣　5—轴　6—过电流脱扣器

7—热脱扣器　8—欠压失压脱扣器　9—分励脱扣器

在电路发生轻微过载时，过载电流不立即使脱扣器动作，但能使热元件产生一定的热量，促使双金属片受热向上弯曲，当持续过载时双金属片推动杠杆使搭钩与锁钩脱开，将主触点分开。

注意：低压断路器由于过载而分断后，应等待 2～3min，待热脱扣器复位才能重新操作接通。

分励脱扣器可作为远距离控制断路器分断之用。

低压断路器因其脱扣器的组装不同，其保护方式、保护作用也不同。断路器分为失压、过载、过电流 3 种保护方式。

4.2.2　低压断路器的型号含义和主要技术参数

（1）低压断路器的型号含义（图 4-6）

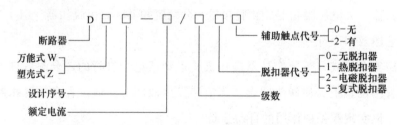

图 4-6　低压断路器的型号含义

（2）主要技术参数

1）额定电压。

① 额定工作电压。低压断路器的额定工作电压是指与能断能力及使用类别相关的电压值。对于多相电路是指相间的电压值。

② 额定绝缘电压。低压断路器的额定绝缘电压是指设计断路器的电压值，电气间隙和爬电距离应参照这些值而定。除非型号产品技术文件另有规定，额定绝缘电压是断路器的最大额定工作电压。在任何情况下，最大额定工作电压不得超过绝缘电压。

2）额定电流。

① 低压断路器壳架等级额定电流。用尺寸和结构相同的框架或塑料外壳中能装入的最大脱扣器额定电流表示。

② 断路器额定电流。断路器额定电流就是额定持续电流，也就是脱扣器能长期通过的电流。对带可调式脱扣器的断路器指可长期通过的最大电流。

4.2.3　低压断路器的保护特性

低压断路器的保护特性主要是指断路器过载和过流保护特性，即断路器动作时间与过载和过流脱扣器的动作电流关系。

低压断路器的保护特性，如图 4-7 所示。

ab 段为过载保护曲线，具有反时限。

df 段为瞬时动作曲线，当故障电流超过 d 点对应电流时，过电流脱扣器便瞬时动作。

bce 段为定时限延时动作曲线，当故障电流超过 c 点对应电流时，过电流脱扣器经短时延时后动作，延时长短由 c 点与 d 点对应的时间差决定。

根据需要，断路器的保护特性可以是两段式，如 $abdf$ 曲线，既有过载延时，又有短路瞬时保护，而 $abce$ 曲线保护则为过载长延时和短路短延时保护。

另外还可有三段式的保护特性，如 $abcghf$ 曲线，既有过载长延时，短路短延时，又有特大短路的瞬时保护。

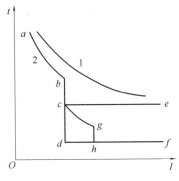

图 4-7　低压断路器的保护特性

1—被保护对象的发热特性

2—低压断路器保护特性

为达到良好的保护作用，断路器的保护特性应与被保护对象的允许发热特性有合理的配合，即断路器保护特性 2 位于被保护对象的允许发热特性 1 的下方，并以此来合理选择断路器的保护特性。

4.2.4　低压断路器典型产品

（1）塑料外壳式断路器

塑料外壳式断路器外壳是绝缘的，内装触点系统、灭弧室及脱扣器等，可手动或电动（对大容量断路器而言）操作。有较高的分断能力和动稳定性，有较完善的选择性保护功能，用途广泛。

目前机电设备常用的有 DZ5、DZ20、DZX19、DZ108 和 C45N（目前已升级为 C65N）等系列产品，其中 C45N（C65N）断路器具有体积小、分断能力高、限流性能好、操作轻便、型号规格齐全、可以方便地在单极结构基础上组合成二极、三极、四极断路器的优点，广泛使用在 60A 及以下的支路中。以 DZ5 系列断路器为例，其主要技术数据见表 4-1。

表 4-1　　　　　　　　　　DZ5 系列低压断路器主要技术参数

型号	额定电压 /V	额定电流 /A	极数	脱扣器 类别	热脱扣器额定电流 /A	电磁脱扣器瞬时 动作整定值/A
DZ5-20/200	交流 380	20	2	无脱扣器	—	—
DZ5-20/300			3			
DZ5-20/210			2	热脱扣器	0.15(0.10~0.15) 0.20(0.15~0.20)	为热脱扣器额定 电流的 8~12 倍 （出厂时整定于 10 倍）
DZ5-20/310			3			
DZ5-20/220	直流 220		2	电磁脱扣	0.30(0.20~0.30) 0.45(0.30~0.45) 1(0.65~1) 1.5(1~1.5) 3(2~3) 4.5(3~4.5) 10(6.5~10) 15(10~15)	为热脱扣器额定电 流的 8~12 倍(出厂 时整定于 10 倍)
DZ5-20/320			3			
DZ5-20/230			2	复式脱扣		
DZ5-20/330			3			

（2）漏电保护型低压断路器

漏电保护型低压断路器又称为漏电保护自动开关，常用它作为低压交流电路中配电、电动机过载、短路、漏电保护使用。

漏电保护型低压断路器主要由三部分组成：自动开关、零序电流互感器和漏电脱扣器。实际上，漏电保护型低压断路器就是在一般的低压断路器的基础上增加了零序电流互感器和漏电脱扣器来检测漏电情况。当有人身触电或设备漏电时能够迅速切断故障电路，避免人身和设备受到危害。

常用的漏电保护型低压断路器有电磁式和电子式两大类。电磁式漏电保护型低压断路器又分为电压型和电流型。

电流型的漏电保护型低压断路器比电压型的性能优越，所以目前使用的大多数漏电保护型低压断路器为电流型。

（3）智能型低压断路器

智能型低压断路器的特征是采用了以微处理器或单片机为核心的智能控制器（智能脱扣器），它不仅具备普通断路器的各种保护功能，同时还具备实时显示电路中的各种电气参数（电流、电压、功率、功率因数等），对电路进行在线监视、自行调节、测量、试验、自诊断、通信等功能，能够对各种保护功能的动作参数进行显示、设定和修改，保护电路动作时的故障参数能够存储在非易失存储器中以便查询，国内 DW45、DW40、DW914（AH）、DW18（AE-S）、DW48、DW19（3WE）、DW17（ME）等智能化框架断路器和智能化塑壳断路器都配有 ST 系列智能控制器及配套附件，它采用积木式配套方案，可直接安装于断路器本体中，无须重复二次接线，并可多种方案任意组合。

4.2.5　低压断路器的选用与维护

（1）断路器的选用

① 根据线路对保护的要求确定断路器的类型和保护形式。

② 断路器的额定电压应等于或大于被保护线路的额定电压。

③ 断路器欠压脱扣器额定电压应等于被保护线路的额定电压。

④ 断路器的额定电流及过流脱扣器的额定电流应大于或等于被保护线路的计算电流。

⑤ 断路器的极限分断能力应大于线路的最大短路电流的有效值。

⑥ 线路中的上、下级断路器的保护特性应协调配合，下级的保护特性应位于上级保护特性的下方且不相交。

⑦ 断路器的长延时脱扣电流应小于导线允许的持续电流。

（2）断路器的维护

① 在安装低压断路器时应注意把来自电源的母线接到开关灭弧罩一侧（上口）的端子上，来自电气设备的母线接到另外一侧（下口）的端子上。

② 低压断路器投入使用时应按照要求先整定热脱扣器的动作电流，以后就不应随意旋动有关的螺钉和弹簧。

③ 发生断路、短路事故的动作后，应立即对触点进行清理，检查有无熔坏，清除金属熔粒、粉尘等，特别要把散落在绝缘体上的金属粉尘清除干净。

④ 在正常情况下，每六个月应对开关进行一次检修，清除灰尘。

（3）断路器常见故障及修理方法

低压断路器在使用时有可能出现一些故障，表 4-2 列出了一些常见故障、故障原因和修理方法。

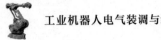

表 4-2   **低压断路器常见故障及修理方法**

故障现象	产生原因	修理方法
手动操作断路器不能闭合	1. 电源电压太低 2. 热脱扣器的双金属片尚未冷却复原 3. 欠电压脱扣器无电压或线圈损坏 4. 储能弹簧变形，导致闭合力减小 5. 反作用弹簧力过大	1. 检查线路并调高电源电压 2. 待双金属片冷却后再合闸 3. 检查线路，施加电压或调换线圈 4. 调换储能弹簧 5. 重新调整弹簧反力
电动操作断路器不能闭合	1. 电源电压不符 2. 电源容量不够 3. 电磁铁拉杆行程不够 4. 电动机操作定位开关变位	1. 调换电源 2. 增大操作电源容量 3. 调整或调换拉杆 4. 调整定位开关
电动机启动时断路器立即分断	1. 过电流脱扣器瞬时整定值太小 2. 脱扣器某些零件损坏 3. 脱扣反力弹簧断裂或落下	1. 调整瞬时整定值 2. 调换脱扣器或损坏的零部件 3. 调换弹簧或重新装好弹簧
分励脱扣器不能使断路器分断	1. 线圈短路 2. 电源电压太低	1. 调换线圈 2. 检修线路，调整电源电压
欠电压脱扣器噪声大	1. 反作用弹簧力太大 2. 铁芯工作面有油污 3. 短路环断裂	1. 调整反作用弹簧 2. 清除铁芯油污 3. 调换铁芯
欠电压脱扣器不能使断路器分断	1. 反力弹簧弹力变小 2. 储能弹簧断裂或弹簧力变小 3. 机构生锈卡死	1. 调整弹簧 2. 调换或调整储能弹簧 3. 清除锈污

 任务总结

    本任务主要介绍了断路保护装置的相关知识，要求能熟悉断路保护装置的原理及安装接线方法。

 练习与训练

    1）断路保护装置的工作原理是什么？

    2）断路保护装置的安装原则是什么？

任务 3   熔 断 器

 任务描述

    通过熔断器的介绍，熟悉熔断器的原理及安装接线方法。

任务能力目标

1）掌握熔断器的原理和应用；

2）掌握熔断器的安装接线。

 实施过程

熔断器是一种低压电路和电动机控制电路中最常用的保护电器。它具有结构简单、使用方便、价格低廉、控制有效的特点。熔断器串联在电路中使用，当电路或用电设备发生短路或过载时，熔体能自身熔断，切断电路，阻止事故蔓延，因而能实现短路或过载保护，无论是在强电系统或弱电系统中都得到了广泛的应用。

熔断器按结构可分为开启式、半封闭式和封闭式三种。封闭式熔断器又可分为有填料管式、无填料管式及有填料螺旋式等。熔断器按用途可分为：一般工业用熔断器；保护硅元件用快速熔断器；具有两段保护特性、快慢动作熔断器；特殊用途熔断器，如直流牵引用熔断器、旋转励磁用熔断器以及有限流作用并熔而不断的自复式熔断器等。

4.3.1　熔断器的作用原理及主要特性

（1）熔断器的作用原理

熔断器主要由熔体（俗称保险丝）和安装熔体的熔管（或熔座）组成。熔体一般由熔点较低、电阻率较高的合金或铅、锌、铜、银、锡等金属材料制成丝或片状。熔管由陶瓷、玻璃纤维等绝缘材料做成，在熔体熔断时还兼有灭弧作用。熔体串联在电路中，当电路的电流为正常值时，熔体由于温度低而不熔化。如果电路发生短路或过载时，电流大于熔体的正常发热电流，熔体温度急剧上升，超过熔体金属的熔点而熔断，分断故障电路，从而保护了电路和设备。熔断器断开电路的物理过程可分为以下四个阶段：熔体升温阶段、熔体熔化阶段、熔体金属汽化阶段以及电弧的产生与熄灭阶段。

（2）熔断器的主要特性

1）安秒特性。它表示熔断时间与通过熔体的电流的关系，熔断器的安秒特性如图 4-8 所示。熔断器的安秒特性为反时限特性，即短路电流越大，熔断时间越短，这就能满足短路保护的要求。在特性中，有一个熔断电流与不熔断电流的分界线，与此相应的电流称为最小熔断电流。熔体在额定电流下，绝不应熔断，所以最小熔断电流必须大于额定电流。

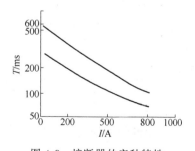

图 4-8　熔断器的安秒特性

2）极限分断能力。通常是指在额定电压及一定的功率因数（或时间常数）下切断短路电流的极限能力，用极限断开电流值 f（周期分量的有效值）来表示。熔断器的极限分断能力必须大于线路中可能出现的最大短路电流值。

4.3.2 熔断器的符号及型号所表示的意义

熔断器在电气原理图中的图形符号及文字符号如图 4-9 所示。

熔断器的型号规格如图 4-10 所示，其中形式的表示为：C 为瓷插式；L 为螺旋式；M 为无填料式；T 为有填料式；S 为快速式；Z 为自复式。如 RC1A-60 为瓷插式熔断器，额定电流为 60A，其中 1 为设计序号，A 表示结构改进代号。又如 RL1-60/50 为螺旋式熔断器，熔断器额定电流为 60A，所装熔体的额定电流为 50A。

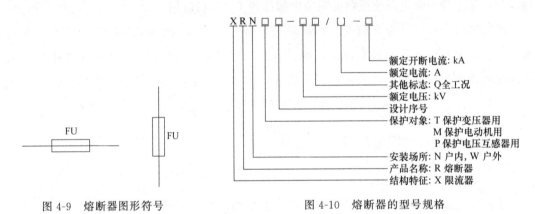

XRN□□-□□/□-□

额定开断电流：kA
额定电流：A
其他标志：Q全工况
额定电压：kV
设计序号
保护对象：T 保护变压器用
　　　　　M 保护电动机用
　　　　　P 保护电压互感器用
安装场所：N 户内，W 户外
产品名称：R 熔断器
结构特征：X 限流器

图 4-9　熔断器图形符号　　　　　　　图 4-10　熔断器的型号规格

4.3.3 熔断器的选用、维护与更换

（1）熔断器的选用

在选用熔断器时，应根据被保护电路的需要，首先确定熔断器的形式，然后选择熔体的规格，再根据熔体确定熔断器的规格。

在选择熔体额定电流时，还应注意以下几个方面：熔体的额定电流在线路上应由前级至后级逐渐减小，否则会出现越级动作现象；熔体的额定电流应小于电度表的额定电流。

熔断器电压及电流的选择要求如下：

① 熔断器的额定电压必须大于或等于线路的工作电压。

② 熔断器的额定电流必须大于或等于所装熔体的额定电流。

（2）熔断器的维护

运行中的熔断器应经常进行巡视检查，巡视检查的内容有：负荷电流应与熔体的额定电流相适应；有熔断信号指示器的熔断器应检查信号指示是否弹出；与熔断器连接的导体、连接点以及熔断器本身有无过热现象，连接点接触是否良好；熔断器外观有无裂纹、脏污及放电现象；熔断器内部有无放电声。

在检查中，若出现有异常现象，应及时修复，以保证熔断器的安全运行。

（3）更换熔体时的安全注意事项

熔体熔断后，应首先查明熔体熔断的原因，排除故障。熔体熔断的原因是由于过载还是短路可根据熔体熔断的情况进行判断。熔体在过载下熔断时，响声不大，熔丝仅在一两处熔断，变截面熔体只有小截面熔断，熔管内没有烧焦的现象；熔体在短路下烧断时响声很大，熔体熔断部位大，熔管内有烧焦的现象。根据熔断的原因找出故障点并予以排除。更换的熔体规格应与负荷的性质及线路电流相适应。另外，更换熔体时，必须停电更换，以防触电。

 任务总结

本任务主要介绍了熔断器的相关知识，要求掌握熔断器的保护原理及选型、安装接线方法。

 练习与训练

1）熔断器的工作原理是什么？

2）熔断器的保护功能是什么？

任务 4　气动元件的安装和接线

 任务描述

通过气动元件的介绍，熟悉气动元件的原理及安装接线方法。

 任务能力目标

1）掌握气动元件的原理和应用；

2）掌握气动元件的安装接线。

 实施过程

4.4.1　气压传动原理和气动系统组成

气压传动是实现生产自动化的有效技术之一。气压传动的工作原理是利用空气压缩机把电动机或其他原动机输出的机械能转换为空气的压力能，然后在控制元件的作用下，通过执行元件把压力能转换为直线运动或回转运动形式的机械能，从而完成各种动作，并对外做功。由于气压传动具有防火、防爆、节能、高效、无污染等优点，因此在国内外工业生产中应用较普遍。

如图 4-11 所示为气动剪切机的工作原理图，图示位置为剪切前的情况。空气压缩机 1 产生的压缩空气经后冷却器 2、油水分离器 3、贮气罐 4、分水滤气器 5、减压阀 6、油雾器 7 到达换向阀 9，部分气体经节流通路 a 进入换向阀 9 的下腔，使上腔弹簧压缩，换向阀阀芯位于上端；大部分压缩空气经换向阀 9 后由 b 路进入气罐的上腔，而气缸的下腔经 c 路、换向阀与大气相通，故气缸活塞处于最下端位置。当上料装置把工料 11 送入剪切机并到达规定位置时，工料压下行程阀 8，此时换向阀阀芯下腔压缩空气经 d 路、行程阀排入大气，在弹簧的推动下，换向阀阀芯向下运动至下端；压缩空气则经换向阀后由 c 路进入气缸的下腔，上腔经 b 路、换向阀与大气相通，气缸活塞向上运动，剪刃随之上行剪断工料。工料剪下后，即与行程阀脱开，行程阀阀芯在弹簧作用下复位，d 路堵死，换向阀阀芯上移，气缸活塞向下运动，又恢复到剪断前的状态。

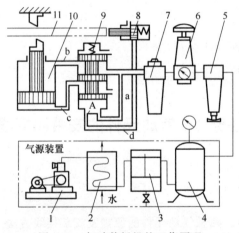

图 4-11　气动剪板机的工作原理

1—空气压缩机　2—后冷却器　3—油水分离器　4—贮气罐　5—分水滤气器　6—减压阀

7—油雾器　8—行程阀　9—换向阀　10—气缸　11—工料

由以上分析可知，剪刃克服阻力剪断工料的机械能来自于压缩空气的压力能；负责提供压缩空气的是空气压缩机；气路中的换向阀、行程阀起改变气体流动方向，控制气缸活塞运动方向的作用。

从上面的例子可以看出，气动系统一般由以下四个部分组成：

1）气源装置。获得压缩空气的装置，其主体部分是空气压缩机，它将原动机供给的机械能转变为气体的压力能。使用气动设备较多的车间常将气源装置集中于压气站（俗称空压站）内，由压气站统一向各用气点分配压缩空气。

2）控制元件。控制元件是用来控制压缩空气的压力、流量和流动方向的，以便使执行机构完成预定的工作循环。它包括各种压力控制阀、流量控制阀、方向控制阀和逻辑元件等。

3）执行元件。执行元件是将气体的压力能转换成机械能的一种能量转换装置。它包括实现直线往复运动的气缸和实现连续回转运动或摆动的气马达等。

4）辅助元件。辅助元件是保证压缩空气的净化、元件的润滑、元件间的连接及消声等所必需的，它包括过滤器、油雾器、管接头及消声器等。

4.4.2　气动技术的应用

气动技术被广泛应用于机械、电子、轻工、纺织、食品、医药、包装、冶金、石化、航空、交通运输等各个工业部门，如组合机床、加工中心、气动机械手、生产自动线、自动检测装置等已大量出现气动技术。与液压传动相比气压传动有以下特点。

（1）气压传动的优点

1）以空气为介质，来源方便，使用后可以直接排入大气中，不污染环境，处理方便，同时也不存在介质变质、补充和更换等问题。

2）空气的黏度很小，所以流动阻力小，在管道中流动的压力损失较小，所以便于集中供气和实现远距离传输。

3）对工作环境适应性好，特别是在易燃、易爆、多尘埃、强磁、辐射、振动等恶劣环境中，安全可靠性比液压、电子、电气传动和控制优越。

4）与液压传动相比较，气压传动具有动作迅速，反应快等优点；此外气压传动管路不易堵塞，维护简单。

5）空气具有可压缩性，使气动系统能够实现过载自动保护，也便于贮气罐贮存能量，以备急需。

（2）气压传动的缺点

1）由于空气的可压缩性较大，所以气动装置的运动稳定性较差，运动速度易受负载变化的影响。

2）工作压力较低（一般为 0.4～0.8MPa），系统输出力小，传动效率低。

3）气压传动具有较大的排气噪声。

4）工作介质本身没有润滑性，因此气动系统需要专门的润滑装置。

4.4.3　气动系统的控制元件

气动系统的控制元件主要是控制阀，它用来控制和调节压缩空气的方向、压力和流量。按其作用和功能可分为方向控制阀、压力控制阀和流量控制阀。

方向控制阀有单向型和换向型两种。

（1）单向型控制阀

单向型控制阀包括单向阀、或门梭阀、与门梭阀和快速排气阀。

1）单向阀。气动单向阀的工作原理、结构和用途与液压单向阀基本相同，其结构和图形符号如图 4-12 所示。

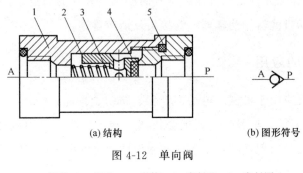

(a) 结构   (b) 图形符号

图 4-12　单向阀

1—阀套　2—阀芯　3—弹簧　4—密封垫　5—密封圈

2）或门梭阀。或门梭阀的结构和工作原理如图 4-13 所示。当 P_1 进气时，阀芯被推向右边，P_1 与 A 相通，气流从 P_1 进入 A 腔，如图 4-13（c）所示；反之，从 P_2 进气时，阀芯被推向左边，P_2 与 A 相通，于是，气流从 P_2 进入 A 腔，如图 4-13（d）所示。所以只要在任一输入口有气信号，则输出口 A 就会有气信号输出，这种阀具有"或"逻辑功能。图 4-13（b）所示的是或门梭阀的图形符号。

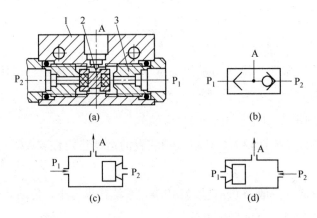

图 4-13　或门梭阀

1—阀体　2—阀芯　3—阀座

3）与门梭阀。与门梭阀又称为双压阀，其结构和工作原理如图 4-14 所示。当 P_1 进气时，阀芯被推向右边，A 无输出，如图 4-14（c）所示；当 P_2 进气时，阀芯被推向左边，A 无输出，如图 4-14（d）所示；当 P₁ 与 P₂ 同时进气时，A 有输出，如图 4-14（e）所示。图 4-14（b）所示的是与门梭阀的图形符号。

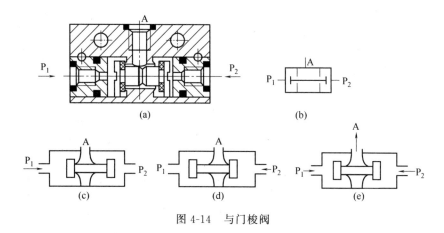

图 4-14　与门梭阀

　　或门梭阀的应用回路如图 4-15 所示。该回路通过或门梭阀，实现手动和电动操作分别控制气控换向阀的换向。

　　与门梭阀的应用回路如图 4-16 所示。只有工件的定位信号 1 和夹紧信号 2 同时存在时，双压阀才有输出，使换向阀换向。

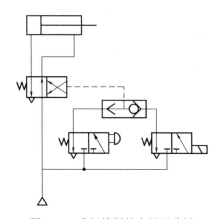

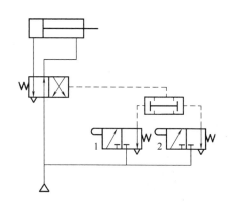

图 4-15　或门梭阀的应用回路图　　　　图 4-16　双压阀在互锁回路中的应用

　　4）快速排气阀。快速排气阀常装在换向阀和气缸之间，它使气缸不通过换向阀而快速排出气体，从而加快气缸的往复运动速度，缩短工作周期。快速排气阀的结构和工作原理如图 4-17 所示。当 P 进气时，将活塞向下推，P 与 A 相通，如图 4-17（c）所示；当 P 腔没有压缩空气时，在 A 腔与 P 腔压力差的作用下，活塞上移，封住 P 口，此时 A 与 O 相通，如图 4-17（d）所示，A 腔气体通过 O 直接排入大气。图 4-17（b）所示的是快速排气阀的图形符号。

　　快速排气阀的应用如图 4-18 所示。气缸直接通过快速排气阀排气而不通过换向阀。

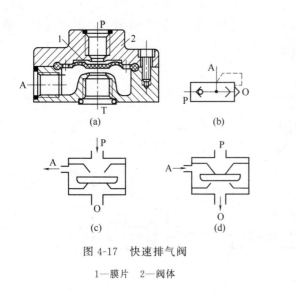

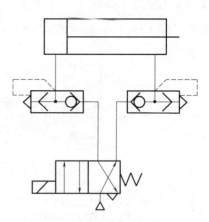

图 4-17 快速排气阀

1—膜片 2—阀体

图 4-18 快速排气阀的应用

（2）换向型控制阀

换向型控制阀是利用主阀芯的运动而使气流改变运动方向的。如图 4-19 所示为几类不同控制方式的换向阀的图形符号。

(a)二位三通手动换向阀 (b)二位三通机动换向阀 (c)二位三通电磁换向阀 (d)三位五通液动换向阀

图 4-19 气动换向型换向阀

 任务总结

本任务主要介绍了气动元件相关知识，要求能熟悉气动元件的原理及安装接线方法。

 练习与训练

1）气动元件的工作原理是什么？

2）气动元件的安装原则是什么？

任务 5 控制变压器的电气原理及接线调试

任务描述

通过控制变压器的介绍，熟悉控制变压器的原理及安装接线方法。

任务能力目标

1）掌握控制变压器的原理和应用；

2）掌握控制变压器的安装接线。

 实施过程

变压器是利用电磁感应原理进行能量传输的一种电器设备。它能在保证输出功率不变的情况下，把一种幅值的交流电压变为另外一种幅值的交流电压。变压器的应用非常广泛，在电源系统中，它常用来变化电压的大小，以利于电信号的使用、传输与分配；在通信电路中，它常用来进行阻抗匹配以及隔离交流信号；在电力系统中，它常用来电能传输与电能分配。

4.5.1　变压器的结构与原理

（1）变压器的结构

对于不同型号的变压器，尽管它们的具体结构、外形、体积和重量上有很大的差异，但是它们的基本构成都是相同的，主要由铁芯和线圈组成，如图 4-20 所示为变压器结构示意图。

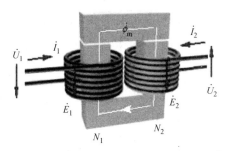

图 4-20　变压器结构示意图

1）铁芯是变压器磁路的主体部分，是变压器线圈的支承骨架。铁芯由铁芯柱和铁轭两部分构成，线圈缠绕到铁芯柱上，铁轭用于把铁芯柱连接，构成闭合的磁场回路。为了减少铁芯内交变磁通引起的磁滞损耗与涡流损耗，铁芯通常由表面涂有漆膜，厚度为 0.35mm 或 0.5mm 的硅钢片冲压成一定形状后叠装而成，硅钢片直接保持绝缘状态。

2）线圈是变压器电路的主体部分，担任着输入输出电能的任务，一般由绝缘铜线绕制而成。通常把变压器与电源相接的一侧称为"一次侧"，相应的线圈称为一次绕组或原边，与负载相连的一侧称为"二次侧"，相应的线圈称为二次绕组或副边。

一次侧与二次侧线圈的匝数并不相同，匝数多的称为高压绕组，匝数低的称为低压绕组。

变压器最重要的组成部分是铁芯和线圈，两者装配在一起构成变压器的器身。器身置于油箱中的被称为油浸式变压器，器身没有放到油箱中的称为干式变压器。

油浸式变压器中的油，既是冷却介质，又是绝缘介质，它通过油液的对流，对铁芯和线圈进行散热。另外它还保护线圈和铁芯不被空气中的潮气侵蚀。这样的结构多用于大中型变压器。

（2）变压器的工作原理

如图 4-20 所示，当变压器一次侧施加交流电压 $\dot{U}_1$，流过一次绕组的电流为 $\dot{I}_1$，则该电流在铁芯中会产生交变磁通，使一次绕组和二次绕组发生电磁联系，根据电磁感应原理，交变磁通穿过这两个绕组就会感应出电动势，原边绕组产生的感应电动势大小为 $\dot{I}_1 N_1$，副边绕组中将产生感应电流 $\dot{I}_2$，感应电动势 $\dot{I}_2 N_2$，其大小与绕组匝数成正比，绕组匝数多的一侧电压高，绕组匝数少的一侧电压低。

当变压器二次侧开路，即变压器空载时，一二次端电压与一二次绕组匝数成正比，变压器起到变换电压的目的。

当变压器二次侧接入负载后，在电动势 E_2 的作用下，将有二次电流通过，该电流产生的电动势，也将作用在同一铁芯上，起到反向去磁作用，但因主磁通取决于电源电压，而 U_1 基本保持不变，故一次绕组电流必将自动增加一个分量产生磁动势 F_1，以抵消二次绕组电流所产生的磁动势 F_2，在一二次绕组电流 I_1、I_2 作用下，作用在铁芯上的总磁动势（不计空载电流 I_0）$F_1 + F_2 = 0$，由于 $F_1 = I_1 N_1$，$F_2 = I_2 N_2$，故 $I_1 N_1 + I_2 N_2 = 0$，由此可知，I_1 和 I_2 同相，所以 $I_1 / I_2 = N_2 / N_1 = 1/K$。

由式可知，一二次电流比与一二次电压比互为倒数，变压器一二次绕组功率基本不变（因变压器自身损耗较其传输功率相对较小），二次绕组电流 I_2 的大小取决于负载的需要，所以一次绕组电流 I_1 的大小也取决于负载的需要，变压器起到了功率传递的作用。

结论 1：一二次绕组的电压比等于其匝数比。只要改变一二次绕组的匝数比，就能进行电压的变换。匝数多的绕组电压高。

结论 2：一二次绕组的电流比等于其匝数比的倒数。匝数多的绕组电流小。

结论 3：变压器一次绕组的输入功率等于二次绕组的输出功率。

结论 4：流过变压器电流的大小，取决于负载的需要。

4.5.2 变压器的选择和使用

（1）变压器的主要性能指标

1）额定电压 U_{1N}、U_{2N}。额定电压 U_{1N} 是指根据变压器的绝缘强度和允许温升而规定的一次绕组上所加电压的有效值。额定电压 U_{2N} 是指一次绕组加额定电压 U_{1N} 时，二次绕组两端的电压有效值。

2）额定电流 I_{1N}、I_{2N}。根据变压器的允许温升而规定的变压器连续工作的一次、二次绕组最大允许工作电流。

3）额定容量 S_N。二次绕组的额定电压与额定电流的乘积称为变压器的额定容量，也就是视在功率，常以千伏安（kV·A）作为其单位。

4）额定频率 f_N。变压器初级所允许接入的电源频率。我国规定的额定频率是 50Hz。

5）温升。温升是变压器在额定状态下运行时，变压器内部温度允许超过周围环境温度的数值。

（2）变压器的选用

1）变压器额定电压的选择主要是依据输电线路电压登记和用电设备的额定电压来确定。

2）变压器容量的选择是一个非常重要的问题。容量选得小了，会造成变压器经常过载运行，缩短变压器的寿命，甚至影响工厂的正常供电。如果选得过大，变压器得不到充分地利用，效率与功率因数都过低。因此，变压器容量应该大于总的负载功率，计算公式为 $P_{fz}=U_{2N}I_{2N}\cos\theta$，通常 $\cos\theta$ 大约在 0.8，因此，变压器容量大约应为供电设备总功率的 1.3 倍。

 任务总结

本任务主要介绍了控制变压器的相关知识，要求能熟悉控制变压器的原理及安装接线方法。

 练习与训练

1）控制变压器的工作原理是什么？

2）控制变压器的安装原则是什么？

任务 6　开关电源的原理及安装

 任务描述

通过开关电源的介绍，熟悉开关电源的原理及安装接线方法。

 任务能力目标

1）掌握开关电源的原理和应用；

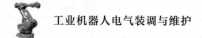

2）掌握开关电源的安装接线。

 实施过程

4.6.1 开关电源的结构

开关电源大致由主电路、控制电路、检测电路、辅助电源四大部分组成，开关电源结构示意图如图 4-21 所示。

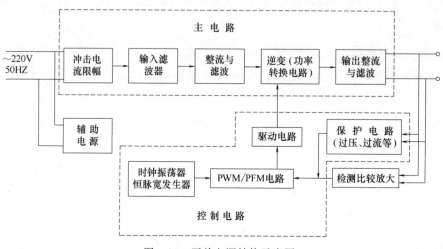

图 4-21 开关电源结构示意图

（1）主电路

冲击电流限幅：限制接通电源瞬间输入侧的冲击电流。

输入滤波器：其作用是过滤电网存在的杂波及阻碍本机产生的杂波反馈回电网。

整流与滤波：将电网交流电源直接整流为较平滑的直流电。

逆变：将整流后的直流电变为高频交流电，这是高频开关电源的核心部分。

输出整流与滤波：根据负载需要，提供稳定可靠的直流电源。

（2）控制电路

一方面从输出端取样，与设定值进行比较，然后去控制逆变器，改变其脉宽或脉频，使输出稳定；另一方面，根据测试电路提供的数据，经保护电路鉴别，提供控制电路，对电源进行各种保护措施。

（3）检测电路

提供保护电路中正在运行中的各种参数和各种仪表数据。

（4）辅助电源

实现电源的软件（远程）启动，为保护电路和控制电路（PWM 等芯片）工作供电。

4.6.2　开关电源的接线端口

开关电源的接线端口如图 4-22 所示。

图 4-22　开关电源的接线端口

AC 端接 220V 交流电，其中 L 接市电火线，N 接市电零线。G 为电源输出负极，
+V 为电源输出正极，ADJ 为输出电压调节。

4.6.3　选择开关电源时的注意事项

1) 选用合适的输入电压规格。

2) 选择合适的功率。为了使电源的寿命增长，可选用多 30% 输出功率额定的机种。

3) 考虑负载特性。如果负载是马达、灯泡或电容性负载，因开机瞬时电流较大，应
选用合适电源以免过载。如果负载是马达时应考虑停机时电压倒灌。

4) 此外尚需考虑电源的工作环境温度，及有无额外的辅助散热设备，在过高的环境
温度中电源需减额输出。

5) 根据应用所需选择各项功能。

保护功能：过电压保护（OVP）、过温度保护（OTP）、过负载保护（OLP）等。

应用功能：信号功能（供电正常、供电失效）、遥控功能、遥测功能、并联功能等。

特殊功能：功率因子矫正（PFC）、不断电（UPS）。

6) 选择所需符合的安全规范及电磁兼容（EMC）认证。

4.6.4　使用开关电源时的注意事项

1) 使用电源前，先确定输入输出电压规格与所用电源的标称值是否相符。

2) 通电之前，检查输入输出的引线是否连接正确，以免损坏用户设备。

3) 检查安装是否牢固，安装螺丝与电源板器件有无接触，测量外壳与输入、输出的

绝缘电阻，以免触电。

4）为保证使用的安全性和减少干扰，请确保接地端可靠接地。

5）多路输出的电源一般分主、辅输出，主输出特性优于辅输出，一般情况下输出电流大的为主输出。为保证输出负载调整率和输出动态等指标，一般要求每路至少带10%的负载。若用辅路不用主路，主路一定加适当的假负载。具体参见相应型号的规格书。

6）电源频繁开关将会影响其寿命。

7）工作环境及带载程度也会影响其寿命。

 任务总结

本任务主要介绍了开关电源的相关知识，要求能熟悉开关电源的原理及安装接线方法。

 练习与训练

1）开关电源的工作原理是什么？

2）使用开关电源有哪些注意事项？

项目5 工业机器人电气装配

任务1　工业机器人常用检测工具

任务描述

通过常用检测工具的介绍，掌握通过检测工具检测工业机器人的故障。

任务能力目标

1）掌握常用检测工具的使用方法；

2）能用检测工具检测机器人的线路情况。

实施过程

5.1.1　万用表

万用表是一种带有整流器的可以测量交、直流电流和电压及电阻等多种电学参量的磁电式仪表。对于每一种电学参量，一般都有几个量程，又称多用电表或简称多用表。万用表由磁电系电流表（表头）、测量电路和选择开关等组成。通过选择开关的变换，可方便地对多种电学参量进行测量，其电路计算的主要依据是闭合电路欧姆定律。常用的万用表如图5-1所示。

（1）万用表的结构组成

1）表头。

① 表头（指针式）。它是一只高灵敏度的磁电式直流电流表，万用表的主要性能指标基本上取决于表头的性能。表头的灵敏度是指表头指针满刻度偏转时流过表头的直流电流值，这个值越小，表头的灵敏度越高。测电压时的内阻越大，其性能就越好。表头上

图 5-1 万用表

有三条刻度线，它们的功能如下：第一条（从上到下）标有 R 或 Ω，指示的是电阻值，转换开关在欧姆挡时，即读此条刻度线。第二条标有∽和 VA，指示的是交、直流电压和直流电流值，当转换开关在交、直流电压或直流电流挡，量程在除交流 10V 以外的其他位置时，即读此条刻度线。第三条标有 10V，指示的是 10V 的交流电压值，当转换开关在交、直流电压挡，量程在交流 10V 时，即读此条刻度线。

② 表头（数字式）。数字万用表的表头一般由一只 A/D（模拟/数字）转换芯片＋外围元件＋液晶显示器组成。

2）选择开关。万用表的选择开关是一个多挡位的旋转开关，用来选择测量项目和量程。

一般的万用表测量项目包括："mA"：直流电流、"V（－）"：直流电压、"V（∼）"：交流电压、"Ω"：电阻。每个测量项目又划分为几个不同的量程以供选择。

3）表笔和表笔插孔。表笔分为红、黑二只。使用时应将红色表笔插入标有 "＋" 号的插孔，黑色表笔插入标有 "－" 号的插孔。

（2）数字万用表的使用

数字万用表可以用来测量直流和交流电压、直流和交流电流、电阻、电容、电路通断等，整机电路设计以大规模集成电路 A/D 转换器为核心，并配以全过程过载保护电路，是电工的必备工具之一，如图 5-2 所示。

操作前的注意事项：将 ON-OFF 开关置于 ON 的位置，万用表打开，如果显示 BAT 字样，说明电池电压不足，应更换电池，如未出现则按以下步骤进行。

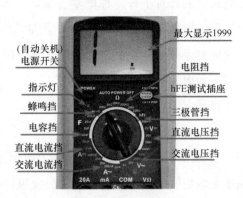

图 5-2 数字万用表

1）使用前应熟悉万用表各项功能，根据被测量的对象，正确选用挡位、量程及表笔插孔。

2）在对被测数据大小不明时，应先将量程开关置于最大值，而后由大量程往小量程挡处切换。

3）测量电阻时，在选择了适当倍率挡后，将两表笔相碰使指针指在零位，如指针偏离零位，应调节"调零"旋钮，使指针归零，以保证测量结果准确。如不能调零或数显表发出低电压报警，应及时检查。

4）在测量某电路电阻时，必须切断被测电路的电源，不得带电测量。

5）万用表使用完毕，应将转换开关置于交流电压的最大挡。如果长期不使用，还应将万用表内部的电池取出来，以免电池腐蚀表内其他器件。

（3）电压的测量

1）直流电压的测量。如图 5-3 所示，首先将黑表笔插进"COM"孔，红表笔插进"V Ω"孔。把旋钮旋到比估计值大的量程（注意：表盘上的数值均为最大量程，"V－"表示直流电压挡，"V～"表示交流电压挡，"A"是电流挡），接着把表笔接电源或电池两端，保持接触稳定。数值可以直接从显示屏上读取。

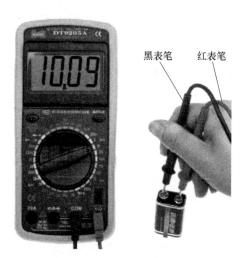

图 5-3 直流电压测试图示

如果显示为"1."，则表明量程太小，那么就要加大量程后再测量。

如果不知道电压范围，应先将选择开关置于最大量程，根据测量结果逐渐降低量程范围（不能在测量过程中改变量程）。

如果在数值左边出现"－"，则表明表笔极性与实际电源极性相反，此时红表笔接的是负极。

2）交流电压的测量。表笔插孔与直流电压的测量一样，不过应该将旋钮打到交流挡

"V～"处所需的量程即可。交流电压无正负之分,测量方法跟前面相同。无论测交流还是直流电压,都要注意人身安全,不要随便用手触摸表笔的金属部分。

(4)电流的测量

万用表的电流挡分为交流挡和直流挡,测量电流时,必须将选择开关打到相应的挡位才能测量。

首先将黑表笔插入"COM"孔。若测量大于200mA的电流,则要将红表笔插入"10A"插孔并将旋钮打到直流"10A"挡;若测量小于200mA的电流,则将红表笔插入"200mA"插孔,将旋钮打到直流200mA以内的合适量程。调整好后,就可以测量了。将万用表串进电路中,保持稳定,即可读数。

若显示为"1.",那么就要加大量程。

如果在数值左边出现"-",则表明电流从黑表笔流进万用表。

表笔插孔上显示最大输入电流为10A,如果测量电流大于该值,万用表保险将被烧坏。

交流电流的测量。测量方法与直流电流的测量相同,不过挡位应该打到交流挡位。

电流测量完毕后应将红笔插回"VΩ"孔,若忘记这一步而直接测电压,万用表将损坏。

(5)电阻的测量

将表笔插进"COM"和"VΩ"孔中,把旋钮打到"Ω"中所需的量程,用表笔接在电阻两端金属部位,测量中可以用手接触电阻,但不要把手同时接触电阻两端,这样会影响测量的精确度,因为人体是电阻很大的导体。读数时,要保持表笔和电阻有良好的接触。注意单位:在"200"挡时单位是"Ω",在"2k"到"200k"挡时单位为"kΩ","2M"以上的单位是"MΩ"。

5.1.2 试电笔

试电笔也叫测电笔,简称"电笔",是一种电工工具,用来测试电线中是否带电。笔体中有一氖泡,测试时如果氖泡发光,说明导线有电或为通路的火线。试电笔中笔尖、笔尾为金属材料制成,笔杆为绝缘材料制成,如图5-4所示。

(1)试电笔使用注意事项

1)一定要用手触及试电笔尾端的金属部分,否则,因带电体、试电笔、人体与大地没有形成回路,试电笔中的氖泡不会发光,造成误判,认为带电体不带电。

2)在测量电气设备是否带电之前,先要找一个已知电源测一测试电笔的氖泡能否正常发光,能正常发光,才能使用。

3)在明亮的光线下测试带电体时,应特别注意氖泡是否真的发光(或不发光),必要时可用另一只手遮挡光线仔细判别。千万不要造成误判,将氖泡发光判断为不发光,

图 5-4　试电表

而将有电判断为无电。

（2）试电笔的使用

1）判定交流电和直流电口诀：电笔判定交直流，交流明亮直流暗，交流氖管通身亮，直流氖管亮一端。

说明：使用低压验电笔之前，必须在已确认的带电体上检测，在未确认验电笔正常之前，不得使用。判别交、直流电时，最好在"两电"之间做比较，这样就很明显。测交流电时氖管两端同时发亮，测直流电时氖管里只有一端极发亮。

2）判定直流电正负极口诀：电笔判定正负极，观察氖管要心细，前端明亮是负极，后端明亮为正极。

说明：氖管的前端指验电笔笔尖一端，氖管后端指手握的一端，前端明亮为负极，反之为正极。测试时要注重：电源电压为 110V 及以上；若人和大地绝缘，一只手摸电源任一极，另一只手持测电笔，电笔金属头触及被测电源另一极，氖管前端极发亮，所测触的电源是负极；若是氖管的后端极发亮，所测触的电源是正极，这是根据直流单向流动和电子由负极向正极流动的原理。

3）判定直流电源有无接地和正负极接地的区别口诀：变电所直流系统，电笔触及不发亮；若亮靠近笔尖端，正极有接地故障；若亮靠近手指端，接地故障在负极。

说明：发电厂和变电所的直流系统，是对地绝缘的，人站在地上，用验电笔去触及正极或负极，氖管是不应当发亮的，假如发亮，则说明直流系统有接地现象；假如发亮在靠近笔尖的一端，则是正极接地；假如发亮在靠近手指的一端，则是负极接地。

4）判定同相和异相口诀：判定两线相同异，两手各持一支笔，两脚和地相绝缘，两笔各触一要线，用眼观看一支笔，不亮同相亮为异。

说明：此项测试时，切记两脚和地必须绝缘。因为我国大部分是 380/220V 供电，且变压器普遍采用中性点直接接地，所以做测试时，人体和大地之间一定要绝缘，避免构成回路，以免误判定；测试时，两笔亮和不亮显示一样，故只看一支则可。

5）判定 380/220V 三相三线制供电线路相线接地故障口诀：星形接法三相线，电笔触及两根亮，剩余一根亮度弱，该相导线已接地；若是几乎不见亮，金属接地有故障。

说明：电力变压器的二次侧一般都接成 Y 形，在中性点不接地的三相三线制系统中，用验电笔触及三根相线时，有两根比通常稍亮，而另一根上的亮度要弱一些，则表示这根亮度弱的相线有接地现象，但还不太严重；假如两根很亮，而剩余一根几乎看不见亮，则说明这根相线有金属接地故障。

 任务总结

本任务主要介绍了常用检测工具的使用方法，要求能用检测工具检测机器人的线路情况。

 练习与训练

1）万用表测电压的使用方法是什么？
2）试电笔的使用方法是什么？

任务 2   线束的制作

 任务描述

通过常用线束制作的介绍，掌握线束的制作方法，并能进行工业机器人的接线安装。

 任务能力目标

1）掌握线束的制作方法；
2）熟悉工业机器人的接线安装。

 实施过程

5.2.1　线束的制作

（1）裁线

准备工作：检查机台是否正常，裁刀是否完好无损，工作台面是否干净以及无其他产品余物。

调试，裁线：依工程图或作业指导书确认好线材规格后，再调试好机台并设定好参数，并试裁 3～5 条检验尺寸合格后，再进行批量作业。

注意事项：① 线材尺寸须在公差范围内。

② 裁线时须无刮伤线材，且切口要平齐。

③ 裁好的线材每 50 或 100 条扎为一扎，每扎需将其线规和长度标示清楚，不可错误。

（2）穿护套

图 5-5 穿护套

将已裁好并须装护套的线材的端子端装穿上 1 个护套，注意护套小端向下，如图 5-5 所示。

（3）剥皮

准备工作：检查机台是否正常，刀口是否完好无损，工作台面是否干净以及无其他产品余物。

调试作业：依工程图或作业指导书调试好机台，试作 3～5 条，确认合格后方可批量作业。

注意事项：①尺寸须在公差范围内；②不可剥断导体铜丝；③切剥口须平整。

剥皮尺寸参考算法如图 5-6 所示。

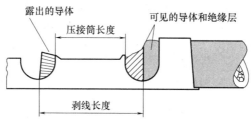

图 5-6 剥皮长度

剥皮尺寸＝导体铆压栅长度＋0.5mm（线规：0.3mm^2 以下）

剥皮尺寸＝导体铆压栅长度＋1mm（线规：0.3～1mm^2）

剥皮尺寸＝导体铆压栅长度＋2mm（最大线规：10mm^2）

（4）铆压端子

准备工作：检查机台是否正常，刀模是否完好无损，工作台面是否干净以及无其他产品余物。

调试作业：由技术人员调试好机台，试作 3～5 条，确认合格后方可批量作业。

注意事项：①端子铆压拉力或高度需符合要求；②不可有深打、浅打、飞丝、端子变形，铆压过高或过低等不良情况；③注意安全，铆压时切勿将手伸入刀模内。

5.2.2 端子基础知识

端子一般分为开式端子（即铆压栅为 U 型或 V 型）和闭式端子（即铆压栅为封闭式，一般为 O 型），开式端子如图 5-7 所示。

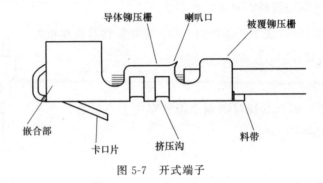

图 5-7 开式端子

端子各部分的作用

嵌合部（接触部）：配线的边际与对方的连接处连接，具有导电功能，与端子的"芯线挤压栅"同样具有重要作用，不同厂商其形状及作用有所不同，种类繁多。这个部分是否具有能够充分满足电的特性为重要功能，如果变形或弄脏都会使其失去功能并将成为导致故障的致命原因，所以在操作上应给予高度注意。

导体铆压栅：端子与线材连接的重要部分，有必要对其高度注意，对铆端后的管理，虽构成采用确认端高度法，拉力测试法等，但根据线材的构成与端子种类，其管理方式有所差异，所以应对线种及作业指导书高度重视且必须确认此部分。

被覆铆压栅：从外部对线材施加某种压力时，为避免"导体铆压栅"内部的芯线不受到直接损伤，将线材的绝缘处铆住，具有保护作用，如果"被覆铆压栅"内包扎较弱，被覆盖之处会轻易地从铆压栅处脱落，将无法缓冲外部压力产生断线不良，另外，包扎过紧线芯就会受到损伤，且会断线。即使被覆盖的外径是同样的线种，也有差异，所以有必要对包扎外形进行足够的确认。

坡度（喇叭口）：压着时在"导体铆压栅"处为减轻芯线的损伤，"坡度"是必不可少的，如果没有此坡度，不仅芯线会受到损伤，还会导致断线或将大大削弱对外部的承受力。

卡口片：将塑壳及主体插入时，卡口片起到锁住端子的作用，其形状因厂商不同而不同，种类也极多，因为此部分极为敏感，所以操作时应当高度重视，如果此部分变形，插入塑壳及主体后，会出现脱落等问题（当然，也有些端子没有卡片口，但它是以端子本身的嵌合部后端作卡位的，如 110，187，250 端子）。

料带：铆端前附于端子上，是连接端子的细带，从其铆压后在端子所留的长度，可以获悉端子的设定状态及模具的状态。

开式端子铆压过程如图 5-8 所示。

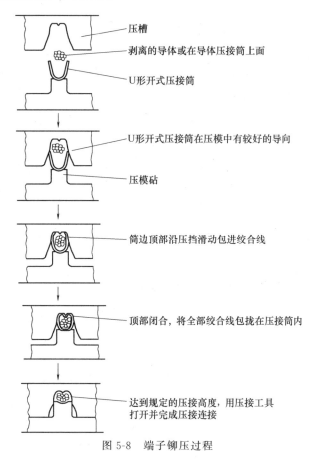

图 5-8　端子铆压过程

5.2.3　水晶头的制作方法

通信总线通过网线相连，一般通信总线需制作 8P8C 水晶头（RJ45），水晶头的线序如图 5-9 所示。

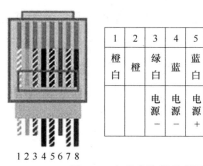

1	2	3	4	5	6	7	8
橙白	橙	绿白	蓝	蓝白	绿	棕白	棕
		电源−	电源−	电源+	电源+	信号L	信号H

图 5-9　水晶头接线示意图

总线水晶头的每条线含义如下：

1（橙白）备用；

2（橙）备用；

3（绿白）代表电源负极或电源 AC－；

4（蓝）代表电源负极或电源 AC－；

5（蓝白）代表电源正极或电源 AC＋；

6（绿）代表电源正极或电源 AC＋；

7（棕白）代表信号 L；

8（棕）代表信号 H。

当所有的总线水晶头制作完成以后，不管是使用总线分接器还是自己手工分接，都必须保证所有总线水晶头的 3、4 号线都要和系统电源的 OUT（－）端子或 AC－端子接通，5、6 号线都要和系统电源的 OUT（＋）端子或 AC＋端子接通，7 号线都要和系统电源的"L"端子接通，8 号线都要和系统电源的"H"端子接通。

5.2.4　使用网线测线仪可对制作的网线通断进行检测

网线的常规接法（两头 568B）：橙白 1 橙 2 绿白 3 蓝 4 蓝白 5 绿 6 棕白 7 棕 8（橙绿蓝棕，白线在左，绿蓝换）；

交叉接法（一头 568A）：绿白 3 绿 6 橙白 1 蓝 4 蓝白 5 橙 2 棕白 7 棕 8（绿橙蓝棕，白线在左，橙蓝换）。

（1）使用方法

将网线两端的水晶头分别插入主测试仪和远程测试端的 RJ45 端口，将开关拨到"ON"（S 为慢速挡），这时主测试仪和远程测试端的指示头就应该逐个闪亮。

1）直通连线的测试。测试直通连线时，主测试仪的指示灯应该从 1 到 8 逐个顺序闪亮，而远程测试端的指示灯也应该从 1 到 8 逐个顺序闪亮。如果是这种现象，说明直通线的连通性没问题，否则需要重做。

2）交错线连线的测试。测试交错连线时，主测试仪的指示灯也应该从 1 到 8 逐个顺序闪亮，而远程测试端的指示灯应该是按着 3、6、1、4、5、2、7、8 的顺序逐个闪亮。如果是这样，说明交错连线连通性没问题，否则需要重做。

3）若网线两端的线序不正确时，主测试仪的指示灯仍然从 1 到 8 逐个闪亮，只是远程测试端的指示灯将按着与主测试端连通的线号的顺序逐个闪亮。也就是说，远程测试端不能按着 1 和 2 的顺序闪亮。

（2）导线断路测试的现象

1）当有 1 到 6 根导线断路时，则主测试仪和远程测试端的对应线号的指示灯都不亮，其他的灯仍然可以逐个闪亮。

2）当有 7 根或 8 根导线断路时，则主测试仪和远程测试端的指示灯全都不亮。

（3）导线短路测试的现象

1）当有两根导线短路时，主测试仪的指示灯仍然按着从 1 到 8 的顺序逐个闪亮，而远程测试端两根短路线所对应的指示灯将被同时点亮，其他的指示灯仍按正常的顺序逐个闪亮。

2）当有三根或三根以上的导线短路时，主测试仪的指示灯仍然从 1 到 8 逐个顺序闪亮，而远程测试端的所有短路线对应的指示灯都不亮。

 任务总结

本任务主要介绍了线束的制作方法，要求能进行工业机器人的接线安装。

 练习与训练

1）线束的制作方法是什么？

2）水晶头的每条线含义分别是什么？

项目6 工业机器人电气调试

任务1 电气控制系统通电前的检查

 任务描述

对 HSR-JR608 工业机器人电气控制系统进行电气调试通电前的检查。

 任务能力目标

能进行设备外观、连线、电源等各个方面的检查。

 实施过程

工业机器人电气控制系统连接完毕后，必须进行通电前的检查，检查无误后才能对机器人通电，通电后必须进行相关的参数设置，保证机器人的正常运行。

技术人员在工业机器人第一次电气控制系统连接完毕后，第一次通电前，为保证人身与设备的安全，必须进行必要的安全检查工作。

（1）设备外观检查

1）打开电气控制柜，检查继电器、接触器、伺服驱动器等电器元件安装有无松动现象，如有松动应恢复正常状态，有锁紧机构的接插件一定要锁紧。

2）检查电器元件接线有无松动与虚接，有锁紧机构的一定要锁紧。

（2）电气连接情况检查

1）电器连接情况的检查通常分为三类：短路检查、断路检查（回路通断）和对地绝缘检查。检查的方法可用万用表一根根地检查，这样花费的时间最长，但是检查是最完整的。

2）电源极性与相续的检查。对于直流用电器件需要检查供电电源的极性是否正确，否则可能损坏设备。对于伺服驱动器需要检查动力线输入与动力线输出连接是否正确，如果把电源动力线接到伺服驱动器动力输出接口上，将严重损坏伺服驱动器。对于伺服电动机，要检查接线的相续是否正确，连接错误将导致电动机不能运行。

3）电源电压检查。电源的正常运行是设备正常工作的重要前提，因此在设备第一次通电前一定要对电源进行检查，以防止电压等级超过用电设备的耐压等级。检查的方法是先把各级低压断路器都断开，然后根据电器原理图，按照先总开关，再支路开关的顺序，依次闭合开关，一边通电一边检查，检查输入电压与设计电压是否一致。主要检查变压器的输入输出电压与开关电源的输入输出电压。

4）I/O 检查。I/O 检查包括：PLC 的输入输出检查，继电器、电磁阀回路检查，传感器检查，按钮、行程开关回路检查。

5）认真检查设备的保护接地线。机电设备要有良好的地线，以保证设备、人身安全和减少电气干扰，伺服单元、伺服变压器和强电柜之间都要连接保护接地线。

 任务总结

工业机器人通电前，必须确保机器安全，所以需要掌握通电前相关项目的检查。

 练习与训练

工业机器人电气控制系统进行电气调试通电前需要检查哪些方面？

任务 2　通电后的参数设置

 任务描述

对 HSR-JR608 工业机器人电气控制系统通电后进行相应的参数设置。

 任务能力目标

1）正确设置 IPC 参数；

2）正确设置伺服参数。

 **实施过程**

若想要控制系统正常运行，正确地设置相关参数是必不可少的步骤。在 HSR-JR608 工业机器人控制系统中，有 IPC 参数和伺服参数需要设置。

6.2.1 HSR-JR608 工业机器人 IPC 参数

IPC 参数是用来设置工业机器人的基本工作模式与工作状态的，主要包括系统参数、组参数和轴参数。通过设置可实现对机器人控制系统的设置，包括权限、参数、工具/工件坐标系及系统日期等，其中参数包括系统参数、组参数和轴参数。本系统支持 5 个控制组，最多 32 个物理轴。组参数与轴参数相互关联，每个组最多可以配置 9 个逻辑轴。用户可根据需要设置物理轴与逻辑轴之间的映射关系。

每个物理轴只能对应一个组的一个逻辑轴，不能进行多重映射。配置好的物理轴可以在轴参数列表中查看所属控制组的情况。

参数设置界面显示如图 6-1 所示。

图 6-1　机器人参数设置

第一次进入参数界面时，点击参数列表中任一行，弹出密码输入框，如图 6-2 所示，密码输入正确后才可进入子列表（初始密码为"003520"）。

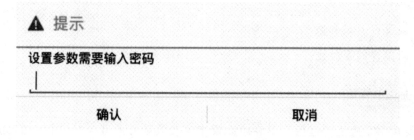

图 6-2　密码输入对话框

（1）系统参数

本机器人控制系统支持的系统参数共四个：插补周期、硬件通信方式（中断或扫描）、报警履历最大记录数及 WAIT 指令 TIMEOUT 时间。

点击进入"系统参数"按键可进入到系统参数界面，如图 6-3 所示。

网络 报警 自动 停止 Mem:363MB	可用存储空间 37.45MB	已运行时间:18 分 55 秒	↻
自动运行	20000 插补周期		1000
示教	20005 硬件通信方式		0
手动运行	20100 报警履历最大记录数		200
寄存器	20200 WAIT指令TIMEOUT时间		120.0
IO信号			
参数设置			
生产管理			返回

图 6-3　系统参数设置界面

参数含义与参数值设定范围见表 6-1。

表 6-1　　　　　　　　　　　　　　　参数含义与参数值

参数号	参数名	离线编程	参数值数据类型	取值范围	默认值	修改权限
20000	插补周期	uBit8	[100,10000]	插补周期,单位为 μs	1000	用户
20005	硬件通信方式	uBit8	[0,1]	0—中断;1—扫描	0	用户
20100	报警履历最大记录数	uBit16	[10-500]	最大记录数	200	用户
20200	WAIT 指令 TIMEOUT 时间	uBit64	[0-300]	最大等待时间,单位为 s	120	用户

（2）组参数

在 IPC 中共有五个组参数，均可设置各自独立的参数。组 1 参数编号从 30000 开始，组 2 参数编号从 32000 开始，组 3 参数标号从 34000 开始，组 4 参数标号从 36000 开始，组 5 参数标号从 38000 开始，组 2 至组 5 具体参数的编号类似于组 1。

组参数主要用于设定各个轴电机的物理轴号，设定轴运行的最大速度、最大加速度等运动控制信息。点击"组参数"进入组参数设置界面，如图 6-4 所示。

每个组都拥有各自的组参数集，可分别对其进行设置，如图 6-5 所示。点击待设置的"组号"，如"组 1"，进入组 1 的设置界面，此时，就可以对指定组号的参数集进行设置。这里要特别强调，对轴号进行设置时，由于每个物理轴只能对应单个组的一个逻辑轴，不能进行多重映射，所以如果有某个组已使用了某个轴号，其他组就不能再使用了。

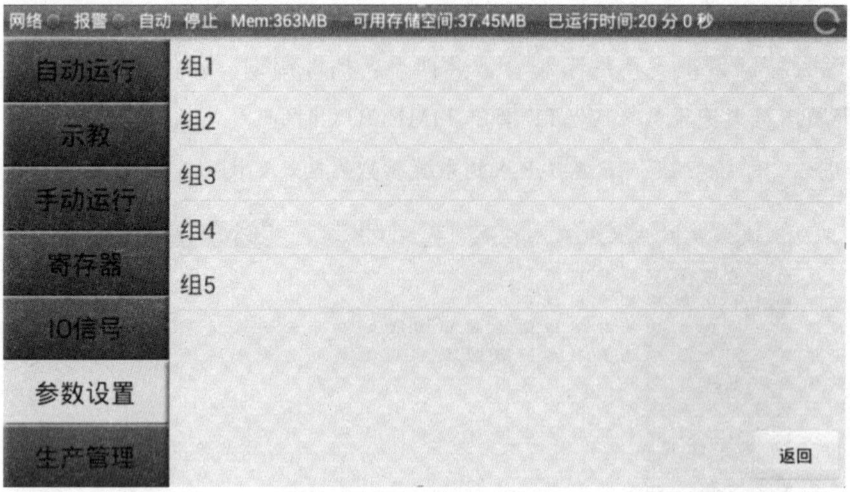

图 6-4　组参数设置界面

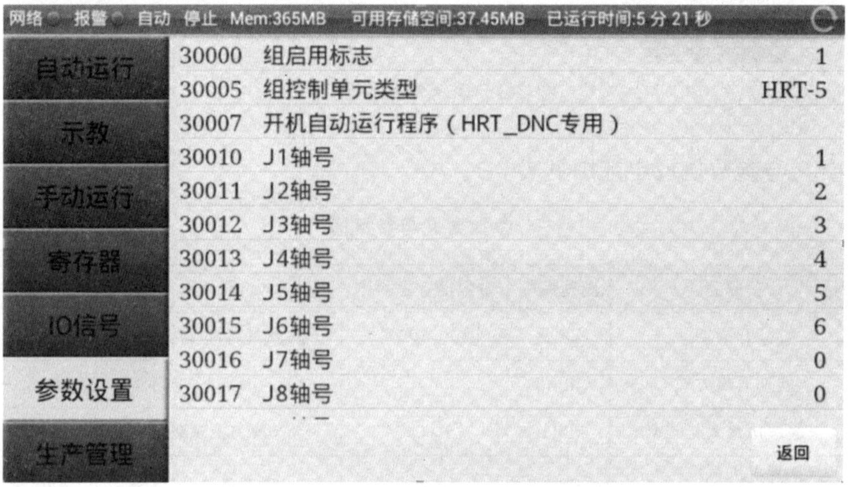

图 6-5　组参数设置页面

（3）轴参数

轴参数设定的是每一个电机的运动特性，包括该轴的轴类型、是否带反馈、电子齿轮比等参数。在每一组里最多可配 32 个轴，每个轴预留 300 个参数。第一个轴的参数编号从 60000 开始，第二个轴的参数编号从 60300 开始，第三个轴的参数编号从 60600 开始，以此类推。

点击"轴参数"进入到轴参数界面，如图 6-6 所示。

点击需要设定的轴号，就能进入选定轴的参数设定界面，如图 6-7 所示，在设定或修改参数时，只要选择相应的参数行，在弹出的输入框内输入内容后再"确认"，即完成参数的设置与修改。

部分轴参数见表 6-2。

| 网络 | 报警 | 自动 | 停止 | Mem:365MB | 可用存储空间:37.45MB | 已运行时间:9分45秒 | ↻ |

自动运行	轴1
示教	轴2
手动运行	轴3
	轴4
寄存器	轴5
IO信号	轴6
参数设置	轴7
生产管理	返回

图 6-6　轴参数显示页面

| 网络 | 报警 | 自动 | 停止 | Mem:364MB | 可用存储空间:37.45MB | 已运行时间:12分4秒 | ↻ |

自动运行	60000	轴名	Jn
	60001	轴类型	0
示教	60010	是否带反馈	0
	60020	螺距	360.0
手动运行	60030	指令类型	1
	60031	电子齿轮比分子	63
寄存器	60032	电子齿轮比分母	1
	60040	电机方向取反	1
IO信号	60041	编码器脉冲数	131072
	60042	编码器类型	1
参数设置	60043	反馈齿轮比分子	1
生产管理			返回

图 6-7　轴参数设定界面

表 6-2　　　　　　　　　　　　　　　轴参数含义与设定范围

参数号	参数名	参数值数据类型	取值范围	取值代表含义	默认值	修改权限
60000	轴名	字符串		轴名称	Jn	系统
60001	轴类型	uBit8	{0,1,2}	关节轴,旋转轴,直线轴	0	系统
60010	是否带反馈	uBit8	{0,1,}	是,否	0	系统
60020	螺距	fBit64	[1,360]	螺距,单位为 mm 或 (°)	10	系统
60030	指令类型	uBit8	{0,1}	增量,绝对	1	系统
60031	电子齿轮比分子	uBit16	[1,32767]	电子齿轮比分子	1	系统
60032	电子齿轮比分母	uBit16	[1,32767]	电子齿轮比分母	1	系统
60040	电机方向取反	uBit8	{0,1}	是,否	1	系统
60041	编码器脉冲数	uBit32	[1000,90000000]	编码器脉冲数	10000	系统

续表

参数号	参数名	参数值数据类型	取值范围	取值代表含义	默认值	修改权限
60042	编码器类型	uBit8	[0,10]	0—增量式；1—NCUC 绝对式；2—安川 SIGMA 绝对式；3—三菱 MR 绝对式；4—富士绝对式；5—迈信 EP3 绝对式；6—台达 A2 绝对式；7—山洋 RS1 绝对式	0	系统
60043	反馈齿轮比分子	uBit16	[−32767,32767]	反馈齿轮比分子	1	系统
60044	反馈齿轮比分母	uBit16	[−32767,32767]	反馈齿轮比分母	1	系统
60045	反馈位置偏移	fBit64	[−9999999,9999999]	反馈位置偏移	0	系统
60050	跟踪误差允许值	fBit64	[0.001,1000]	跟踪误差允许值，单位：mm	5.000	系统
60060	正向软限位	fBit64	[−99999,99999]	正向软限位，单位：°	99999.0	系统
60061	负向软限位	fBit64	[−99999,99999]	负向软限位，单位：°	−99999.0	系统
60070	反向间隙	fBit64	[0,1000]	未使用	0	系统
60080	最高速度	fBit64	[0,500]	手动最高速度，单位为 (°)/s	150	系统
60081	电机最大转速	uBit32	[0,5000]	单位为 r/min	2000	系统
60090	回零方向	uBit8	{0,1}	0—正方向；1—负方向	0	系统
60091	回零定位速度	fBit64	[1,500]	单位为 mm/s	50	系统
60092	回零找 Z 脉冲速度	fBit64	[0.1,20]	单位为 mm/s	1	系统

6.2.2　HSR-JR608 工业机器人伺服参数

（1）伺服驱动器的用户面板操作的使用

在 HSR-RJ608 工业机器人电器控制柜内安装的是 HSV-160U 的伺服驱动器，该驱动器的用户操作面板示意图如图 6-8 所示。

驱动单元面板由 6 个 LED 数码管显示器和 5 个按键（M/S/上/下/左）组成，用来显示系统各种状态、设置参数等，各个按键的功能见表 6-3。

表 6-3　　　　　　　　驱动单元面板 5 个按键功能一览表

序号	名称	功　　能
1	M	用于一级菜单（主菜单）方式之间的切换
2	S	进入或确认退出当前操作子菜单
3	上键	参数序号、设定数值的增加，或选项向前
4	下键	参数序号、设定数值的减少，或选项退后
5	左键	移位

（2）菜单说明

在进行参数设置与调整的过程中，需要通过面板上的按键选择进入不同的菜单。在 HSV-160U 伺服驱动器中，第一层为主菜单，包括五种操作模式，第二层为各操作模式下的功能菜单。图 6-9 所示为主菜单操作框图。

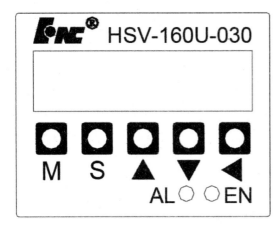

图 6-8　HSV-160U 伺服驱动器用户操作面板

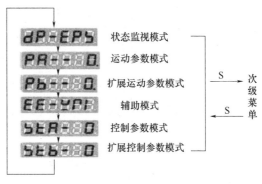

图 6-9　HSV-160U 系列伺服驱动单元主菜单

通过按 M 键可实现一级菜单中各模式之间的切换，通过按"上键""下键"可进入第二级功能菜单。

（3）参数的修改与保存

将参数修改后，只有在辅助方式"EE-WRI"方式下，按 S 键才能保存并在下次通电时有效。部分参数设置后立即生效，错误的设置可能使设备错误运转而导致事故，请谨慎修改。

1）参数的修改。在第 1 层中选择"PR-0"，用"上键""下键"选择参数号，按 S 键，显示该参数的数值，用"上键""下键"可以修改参数值。按"上键""下键"一次，参数增加或减少1，按下并保持"上键""下键"，参数能连续增加或减少。按"左键"，被修改的参数值的修改位左移一位（左循环）。参数值被修改时，最右边的 LED 数码管小数点点亮，按 S 键返回参数选择菜单。

2）参数的保存。如果修改或设置的参数需要保存，先在"PR-34"输入密码：1230，然后按 M 键切换到"EE-yri"方式，按 S 键将修改或设置值保存到伺服驱动单元的 EEP-ROM 中去，完成保存后，数码管显示"Finish"。若保存失败则显示"Error-"。通过按 M 键可切换到其他模式或通过按"上键""下键"切换运动参数。

修改 PA—24 至 PA—28、PA—43 参数、PB 参数、STB 参数时，必须先将 PA—34 参数设置为 2003。

（4）参数的设置

HSV-160U 有各种参数，通过这些参数可以调整或设定驱动单元的性能和功能。HSV-160U 参数分为四类：运动控制参数、扩展运动控制参数、控制参数、扩展控制参数，分别对应运动参数模式、扩展运动参数模式、控制参数模式和扩展控制参数模式，可以通过驱动单元面板按键来查看、设定和调整这些参数（表 6-4）。

表 6-4　　　　　　　　　　　参数分组说明

类别	显示	参数号	说　明
运动参数模式	PA--.88	0～43	可设置各种特性调节、控制运行方式及电机相关参数
扩展运动参数模式	Pb--.88	0～43	可设置第二增益，I/O 接口功能，电机额定电流、额定转速等
控制参数模式	StA-.88	0～15	可以选择报警屏蔽功能，内部控制功能选择方式等
扩展控制参数模式	Stb-.88	0～15	可以选择各种控制功能的使能或禁止等

1）驱动单元通电后只能查看 PA 参数、显示参数、辅助参数及 STA 参数。

2）将 PA—34 参数改为 2003 后才能查看或修改 PB 参数及 STB 参数。

3）任何时候，PA—23、PA—24、PA—25、PA—26 都只能在保存并断电重启后才能起效。

4）在驱动单元带电机运行之前，必须按顺序修改 PA—34 为 2003，PA—43 为相应的代码，PA—25 为相应的电机编码器类型，PA—34 为 1230；执行保存操作，断电重启。

 任务总结

工业机器人通电后，要对其进行相应的参数设置。

 练习与训练

1）设置 IPC 参数的注意事项有哪些？

2）设置伺服参数的注意事项有哪些？

项目7 工业机器人电气维修

任务 1   PLC、伺服驱动器故障检修

任务描述

对 HSR-JR608 工业机器人的伺服系统、PLC 控制系统进行故障检修。

任务能力目标

1）能进行伺服系统的故障诊断；
2）能进行 PLC 系统的故障诊断。

实施过程

7.1.1   伺服驱动器的作用

伺服驱动器又称为"伺服控制器""伺服放大器"，是用来控制伺服电机的一种控制器，通过伺服驱动器。可把上位机的指令信号转变为驱动伺服电动机运行的能量，伺服驱动通常以电动机转角、转速和转矩作为控制目标，进而控制运动机械跟随控制指令运行，可实现高精度的机械传动与定位。

7.1.2   HSV-160U 伺服驱动器的简介

HSV-160U 系列伺服驱动单元是武汉华中数控股份有限公司推出的新一代全数字交流伺服驱动产品，主要应用于对精度和响应比较敏感的高性能数控领域。HSV-160U 具有高速工业以太网总线接口，采用具有自主知识产权的 NCUC 总线协议，实现和数控装置高速的数据交换；具有高分辨率绝对式编码器接口，可以适配复合增量式、正余弦、

全数字绝对式等多种信号类型的编码器，位置反馈分辨率最高达到 23 位。HSV-160U 交流伺服驱动单元形成 20A、30A、50A、75A 共四种规格，回路最大功率输出可达 5.5kW。

7.1.3 HSV-160U 伺服驱动器的交流电输入输出接口与线路连接

HSV-160U 伺服驱动器的接口分为交流电输入输出接口，NCUC 总线连接接口和编码器反馈接口三类。HSV-160U 伺服驱动器的交流电输入输出接口示意图如图 7-1 所示。

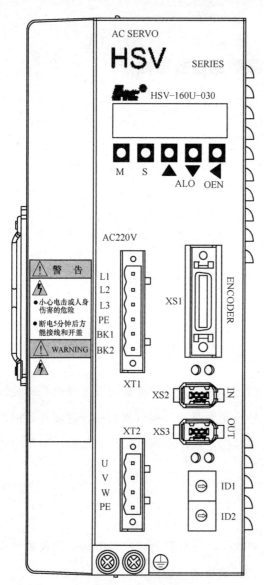

图 7-1 HSV-160U 伺服驱动器的交
流电输入输出接口示意图

交流电源输入接口的作用是把外部的三相动力电源送入伺服驱动器内部。该三相动力电源在伺服驱动器内部经过整流与逆变，再通过交流电源输出接口输出到伺服电动机的绕组上，为伺服电动机的运行提供能量。

NCUC 总线连接接口用于连接多个智能化器件，构成 NCUC 总线网络，完成指令信号与反馈信号的传输工作。

编码器反馈接口用于接收光电式编码器的反馈信号，该反馈信号反映的是电动机的旋转角度、速度与方向信息，反馈信息通过伺服驱动器反馈接口送给伺服驱动器，再通过伺服驱动器上的总线接口，送给 IPC 单元进行运算与处理。

（1）XT1 外部电源输入端子

1）XT1 端子引脚分布的示意图如图 7-2 所示。

2）XT1 电源输入端子功能说明。

L1/L2/L3：该端子为主电路三相电源输入端子，供电标准为三相 AC220V、50Hz。该三相电源经过整流后，再逆变为伺服电动机旋转所需的动力电源。

PE：保护接地端子，与电源地线相连接，保护接地电阻应小于 4Ω。

BK1/BK2：外接制动电阻连接端子。驱动单元内置 $70\Omega/200W$ 的制动电阻。若仅使用内置制动电阻，则 BK1 端与 BK2 端悬空即可。若需使用外接制动电阻，则直接将制动电阻接在 BK1、BK2 端即可，此时内置制动电阻与外接制动电阻是并联关系。

（2）XT2 电源输出端子

1）XT2 端子引脚分布的示意图如图 7-3 所示。

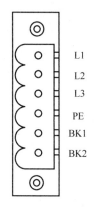

图 7-2 XT1 端子引脚分布的示意图

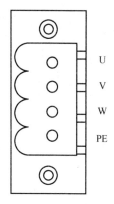

图 7-3 XT2 端子引脚分布的示意图

2）XT2 电源输出端子功能说明。U/V/W：与伺服电动机上的动力端子相连接（必须与伺服电动机上 U/V/W 端子对应连接），为伺服电动机的旋转提供能力。

PE：接地端子。

7.1.4 可编程序控制器（PLC）单元

可编程序控制器是 HSR-JR608 工业机器人的核心控制单元，它主要完成开关量的控制工作，用于接收外部开关量控制命令，通过内部程序运算，再进行对外输出，控制继电器、电磁阀等输出器件。例如控制工业机器人的启动与停止，控制各个关节轴抱闸的抱紧与释放，手指关节对物体的抓持与松开等。

（1）PLC 的接口

HSR-JR608 工业机器人的 PLC 单元采用的是总线式 I/O，它由 PLC 底板、通信模块、开关量输入模块、开关量输出模块和模拟量输入/输出模块组成。其中 PLC 底板、通信模块是必选模块，开关量输入模块、开关量输出模块和模拟量输入/输出模块则可以根据实际控制需求进行选择配置，但最多可扩展 16 个 I/O 单元。

采用不同的底板子模块可以组建两种 I/O 单元，其中 HIO-1009 型底板子模块可提供 1 个通信子模块插槽和 8 个功能子模块插槽，组建的 I/O 单元称为 HIO-1000A 型总线式 I/O 单元；HIO-1006 型底板子模块可提供 1 个通信子模块插槽和 5 个功能子模块插槽，组建的 I/O 单元称为 HIO-1000B 型总线式 I/O 单元。

开关量输入/输出子模块提供 16 路开关量输入或输出信号,开关量输入子模块有 NPN、PNP 两种接口。NPN 型接口称为低电平有效接口,PNP 型接口称为高电平有效接口。模拟量输入/输出子模块提供 4 通道 A/D 信号和 4 通道 D/A 信号,具体接口名称、型号与说明见表 7-1,PLC 结构示意图如图 7-4 所示。

表 7-1   开关量、模拟量输入/输出子模块接口名称与型号说明

子模块名称		子模块型号	说 明
底板	9 槽底板子模块	HIO-1009	提供 1 个通信子模块和 8 个功能子模块插槽
	6 槽底板子模块	HIO-1006	提供 1 个通信子模块和 5 个功能子模块插槽
通信	NCUC 协议通信子模块(1394-6 火线接口)	HIO-1061	
	NCUC 协议通信子模块(SC 光纤接口)	HIO-1063	
开关量	NPN 型开关量输入子模块	HIO-1011N	每个子模块提供 16 路 NPN 型 PLC 开关量输入信号接口,低电平有效
	PNP 型开关量输入子模块	HIO-1011P	每个子模块提供 16 路 PNP 型 PLC 开关量输入信号接口,高电平有效
	NPN 型开关量输出子模块	HIO-1021N	选配,每个子模块提供 16 路 NPN 型 PLC 开关量输出信号接口,低电平有效
模拟量	模拟量输入/输出子模块	HIO-1073	选配,每个子模块提供 4 路模拟量输入和 4 路模拟量输出

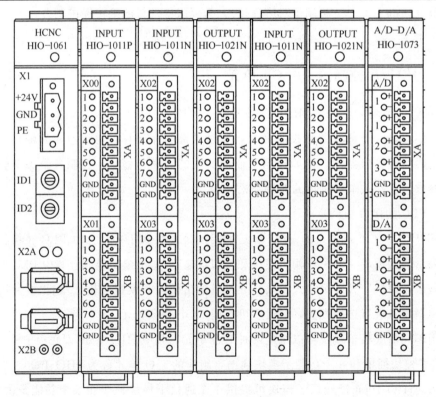

图 7-4   PLC 结构示意图

（2）PLC 通信子模块功能及接口

PLC 通信子模块（HIO-1061）负责完成通信功能并提供电源输入接口，其功能及接口示意图如图 7-5 所示，各信号引脚见表 7-2。

X1 接口：总线式 I/O 单元的工作电源接口，需要外部提供 DC24V 电源，电源输出功率应不小于 50W。

由通信子模块引入的电源为总线式 I/O 单元的工作电源，该电源最好与输入/输出子模块涉及的外部电路（即 PLC 电路，如无触点开关、行程开关、继电器等）分别采用不同的开关电源，后者称 PLC 电路电源。

X2A/X2B 接口：NCUC 总线接口，用于在控制系统内构成 NCUC 总线。

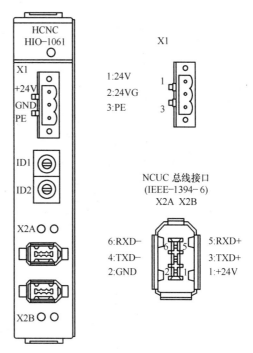

图 7-5　PLC 通信子模块功能及接口示意图

表 7-2　　　　　　　　信号表

信号名	说明	信号名	说明
24V	直流 24V 电源	TXD+	数据发送
24VG	直流 24V 电源地	TXD−	
PE	接地	RXD+	数据接收
24V	直流 24V 电源	RXD−	
GND	直流 24V 电源地		

（3）PLC 开关量输入/输出子模块功能及接口

1）PLC 开关量输入子模块功能及相关接口。开关量输入接口电路采用光电耦合电路，将限位开关、手动开关等现场输入设备的控制信号转换成 CPU 所能接受和受理的数字信号。PLC 输入接口示意图如图 7-6 所示。

开关量输入子模块包括 NPN 型（HIO-1011N）和 PNP 型（HIO-1011P）两种，它们的区别在于：NPN 型为低电平有效，PNP 型为高电平（+24V）有效。每个开关量输入子模块提供 16 个点的开关量信号输入，输入点的名称是 Xm. n，其中 X 代表输入模块，m 代表字节号，n 代表 m 字节内的位地址。GND 为接地端，用于提供标准电位。

2）PLC 开关量输出子模块功能及相关接口。开关量输出接口将 PLC 的运算结果对外输出，控制继电器、电磁阀等执行元件。开关量输出子模块（HIO-1021N）为 NPN型，有效输出为低电平，否则输出为高阻状态，每个开关量输出子模块提供 16 个点的开

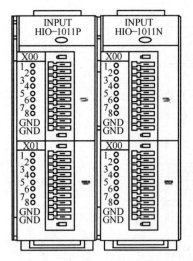

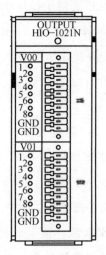

图 7-6　PLC 输入接口示意图　　　　　图 7-7　PLC 输出接口示意图

关量信号输出，输出点的名称是 Ym.n，其中 Y 代表输出模块，m 代表字节号，n 代表 m 字节内的位地址。GND 为接地端，用于提供标准电位。PLC 输出接口示意图如图 7-7 所示。

　　输入/输出子模块 GND 端子应该与 PLC 电路电源的电源地可靠连接。

 任务总结

伺服系统和 PLC 系统是工业机器人电气控制系统的重要部分，要熟悉其控制原理。

 练习与训练

　　1）伺服系统的连线注意事项是什么？

　　2）PLC 系统的连线注意事项是什么？

任务 2　电气故障检修

 任务描述

对 HSR-JR608 工业机器人电气控制系统电气故障进行检修。

 任务能力目标

能进行工业机器人电气控制系统电气故障检修。

 实施过程

　　（1）电气原理图

电气原理图是电气系统图的一种，是用来表明设备电气的工作原理及各电器元件的作用，相互之间关系的一种表示方式，是根据控制线路图工作原理绘制的，具有结构简单、层次分明的特点。一般由主电路、控制执行电路、检测与保护电路、配电电路等几大部分组成。这种图，由于它直接体现了电子电路与电气结构以及其相互间的逻辑关系，所以一般用在设计、分析电路中。分析电路时，通过识别图纸上所画各种电路元件符号，以及它们之间的连接方式，就可以了解电路实际工作时的情况。运用电气原理图的方法和技巧，对于分析电气线路，排除机床电路故障是十分有益的。

（2）电器布置安装图

电器元器件布置图的设计应遵循以下原则：

1）必须遵循相关国家标准设计和绘制电器元件布置图。

2）相同类型的电器元件布置时，应把体积较大和较重的安装在控制柜或面板的下方。

3）发热的元器件应该安装在控制柜或面板的上方或后方，但热继电器一般安装在接触器的下面，以方便与电机和接触器的连接。

4）需要经常维护、整定和检修的电器元件、操作开关、监视仪器仪表，其安装位置应高低适宜，以便工作人员操作。

5）强电、弱电应该分开走线，注意屏蔽层的连接，防止干扰的窜入。

6）电器元器件的布置应考虑安装间隙，并尽可能做到整齐、美观。

（3）电器安装接线图

电器安装接线图是为了进行装置、设备或成套装置的布线提供各个安装接线图项目之间电气连接的详细信息，包括连接关系、线缆种类和敷设线路。

一般情况下，电气安装接线图和原理图需配合起来使用。

绘制电气安装图应遵循的主要原则如下：

1）必须遵循相关国家标准绘制电气安装接线图。

2）各电器元器件的位置、文字符号必须和电气原理图中的标注一致，同一个电器元件的各部件（如同一个接触器的触点、线圈等）必须画在一起，各电器元件的位置应与实际安装位置一致。

3）不在同一安装板或电气柜上的电器元件或信号的电气连接一般应通过端子排连接，并按照电气原理图中的接线编号连接。

4）走向相同、功能相同的多根导线可用单线或线束表示。画连接线时，应标明导线的规格、型号、颜色、根数和穿线管的尺寸。

（4）电气原理图的识读方法

看电气原理图一般方法是先看主电路，明确主电路控制目标与控制要求，再看辅助电路，并用辅助电路的回路去研究主电路的运行状态。

主电路一般是电路中的动力设备，它将电能转变为机械运动的机械能，典型的主电路就是从电源开始到电动机结束的那一条线路。辅助电路包括控制电路、保护电路、照明电路。通常来说，除了主电路以外的电路，都可以称为辅助电路。

1）识读主电路的步骤

第一步：看清主电路中的用电设备。用电设备指消耗电能的用电器具或电气设备，看图首先要看清楚有几个用电器，它们的类别、用途、接线方式及一些不同要求等。

第二步：要弄清楚用电设备是用什么电器元件控制的。控制电气设备的方法很多，有的直接用开关控制，有的用各种启动器控制，有的用接触器控制。

第三步：了解主电路中所用的控制电器及保护电器。前者是指除常规接触器以外的其他控制元件，如电源开关（转换开关及空气断路器）、万能转换开关。后者是指短路保护器件及过载保护器件，如空气断路器中电磁脱扣器及热过载脱扣器的规格，熔断器、热继电器及过电流继电器等元件的用途及规格。一般来说，对主电路作如上内容的分析以后，即可分析辅助电路。

第四步：看电源。要了解电源电压等级，是380V还是220V，是从母线汇流排供电、配电屏供电，还是从发电机组接出来的。

2）识读辅助电路的步骤

辅助电路包含控制电路、信号电路和照明电路。

分析控制电路。根据主电路中各电动机和执行电器的控制要求，逐一找出控制电路中的其他控制环节，将控制线路"化整为零"，按功能不同划分成若干个局部控制线路来进行分析。如果控制线路较复杂，则可先排除照明、显示等与控制关系不密切的电路，以便集中精力进行分析。

第一步：看电源。首先看清电源的种类，是交流还是直流。其次，要看清辅助电路的电源是从什么地方接来的，及其电压等级。电源一般是从主电路的两条相线上接来，其电压为380V。也有从主电路的一条相线和一条零线上接来，电压为单相220V；此外，也可以从专用隔离电源变压器接来，电压有140V、127V、36V、6.3V等。辅助电路为直流时，直流电源可从整流器、发电机组或放大器上接来，其电压一般为24V、12V、6V、4.5V、3V等。辅助电路中的一切电器元件的线圈额定电压必须与辅助电路电源电压一致。否则，电压低时电路元件不动作；电压高时，则会把电器元件线圈烧坏。

第二步：了解控制电路中所采用的各种继电器、接触器的用途，如采用了一些特殊结构的继电器，还应了解它们的动作原理。

第三步：根据辅助电路来研究主电路的动作情况。

分析了上面这些内容再结合主电路中的要求，就可以分析辅助电路的动作过程。

控制电路总是按动作顺序画在两条水平电源线或两条垂直电源线之间的。因此，也就可从左到右或从上到下来进行分析。对复杂的辅助电路，在电路中整个辅助电路构成一条大回路，在这条大回路中又分成几条独立的小回路，每条小回路控制一个用电器或一个动作。当某条小回路形成闭合回路有电流流过时，在回路中的电器元件（接触器或继电器）则动作，把用电设备接入或切除电源。在辅助电路中一般是靠按钮或转换开关把电路接通的。对于控制电路的分析必须随时结合主电路的动作要求来进行，只有全面了解主电路对控制电路的要求以后，才能真正掌握控制电路的动作原理，不可孤立地看待各部分的动作原理，而应注意各个动作之间是否有互相制约的关系，如电动机正、反转之间应设有联锁等。

第四步：研究电器元件之间的相互关系。电路中的一切电器元件都不是孤立存在的，而是相互联系、相互制约的。这种互相控制的关系有时表现在一条回路中，有时表现在几条回路中。

第五步：研究其他电气设备和电器元件。如整流设备、照明灯等。

 任务总结

本任务主要介绍了工业机器人电气控制系统电气故障的检修。

 练习与训练

工业机器人电气控制系统电气控制检修注意事项有哪些？

项目8 工业机器人电气保养与维护

任务 工业机器人安全、电气保养与维护

 任务描述

了解工业机器人的安全注意事项及工业机器人的电气保养与维护。

 任务能力目标

1）了解工业机器人的安全注意事项；

2）懂得工业机器人的电气保养与维护。

 实施过程

8.1.1 安全注意事项

（1）进行调整、操作、保全等作业时的安全注意事项

1）作业人员须穿戴工作服、安全帽、安全鞋等。

2）闭合电源时，请确认机器人的动作范围内没有作业人员。

3）必须切断电源后，方可进入机器人的动作范围内进行作业。

4）检修维修保养等作业必须在通电状态下进行时，应两人一组进行作业，一人保持可立即按下紧急停止按钮的姿势，另一人则在机器人的动作范围内，保持警惕并迅速完成作业，此外，应确认好撤退路径后再开始作业。

5）手腕部位及机械臂上的负荷必须控制在允许搬运重量以内。如果不遵守允许搬运重量的规定会导致异常动作发生或机械构件提前损坏。

（2）工业机器人的"突发情况"

机器人配有各种自我诊斯功能及异常检测功能，即使发生异常也能安全停止。即便如此，因机器人造成的事故仍然时有发生。

"突发情况"使作业人员来不及实施"紧急停止""逃离"等行为，就极有可能导致重大事故发生。"突发情况"一般有以下几种：

1）低速动作突然变成高速动作。

2）其他作业人员执行了操作。

3）因周边设备等发生异常和程序错误，启动了不同的程序。

4）因噪声、故障、缺陷等原因导致异常动作。

5）误操作。

6）机器人搬运的工件掉落、散开。

7）工件处于夹持、联锁待命的停止状态下，突然失去控制。

8）相邻或背后的机器人执行了动作。

9）未确认机器人的动作范围内是否有人，就执行了自动运转。

10）自动运转状态下操作人员进入机器人的动作范围内，作业期间机器人突然启动。

（3）工业机器人"突发情况"时的对策

1）小心，勿靠近机器人。

2）不使用机器人时，应采取"按下紧急停止按钮""切断电源"等措施，使机器人无法动作。

3）机器人动作期间，请配置可立即按下紧急停止按钮的监视人（第三者），监视安全状况。

4）机器人动作期间，应以可立即按下紧急停止按钮的姿势进行作业。

5）严禁供应规格外的电力、压缩空气、焊接冷却水，这些均会影响机器人的动作性能，引起异常动作、故障或损坏等危险情况。

6）作业人员在作业中，也应随时保持逃生意识。必须确保在紧急情况下，可以立即逃生。

7）时刻注意机器人的动作，不得背向机器人进行作业。对机器人的动作反应缓慢，也会导致事故发生。

8）发现有异常时，应立即按下紧急停止按钮。必须彻底贯彻执行此规定。

9）应根据设置场所及作业内容，编写机器人的启动方法、操作方法、发生异常时的解决方法等相关的作业规定和核对清单，并按照该作业规定进行作业。仅凭作业人员的记忆和知识进行操作，会因遗忘和错误等原因导致事故发生。

10）示教时，应先确认程序号码或步骤号码，再进行作业。错误地编辑程序和步骤，会导致事故发生。

11）示教作业完成后，应以低速状态手动检查机器人的动作。如果立即在自动模式下以 100％的速度运行，会因程序错误等因素导致事故发生。

12）示教作业结束后，应进行清扫作业，并确认有无遗忘工具等物件。

8.1.2　工业机器人电气维护

（1）自动运转的安全对策

自动运转的安全对策见表 8-1。

表 8-1　　　　　　　　　　　　　　自动运转的安全对策

⚠ 注意	作业开始/结束时,应进行清扫作业,并注意整理整顿
⚠ 注意	作业开始时,应核对清单,执行规定的日常检修
⚠ 注意	请在防护栅的出入口,挂上"运转中禁止进入"的牌子。此外,必须贯彻执行此规定
❗ 危险	自动运转开始时,必须确认防护栅内是否有作业人员
⚠ 注意	自动运转开始时,请确认程序号码、步骤号码。操作模式、启动选择状态处于可自动运转的状态
⚠ 注意	自动运转开始时,请确认机器人处于可以开始自动运转的位置上。此外,请确认程序号码、步骤号码与机器人的当前位置是否相符
⚠ 注意	自动运转开始时,请保持可以立即按下紧急停止按钮的姿势
⚠ 注意	请掌握正常情况下机器人的动作路径、动作状况及动作声音等,以便能够判断是否有异常状态

（2）示教和手动机器人

1）请勿戴手套操作示教盒。

2）在点动操作机器人时要采用较低的速度以增加对机器人的控制机会。

3）在按下示教盘上的点动键之前要考虑到机器人的运动趋势。

4）要预先考虑好避让机器人的运动轨迹，并确认该线路不受干涉。

5）机器人周围区域必须清洁、无油、水及杂质等。

（3）机器人电气控制系统

1）HPC 控制器。HPC 控制器相当于人的大脑，所有程序和算法都在 HPC 中处理完成。采用开放式、模块化的体系结构，以嵌入式工业计算机为平台，搭载实时 Linux 系统，集成了高效的机器人运动控制算法，提供了先进的故障诊断机制。现场总线采用 EtherCAT 协议，主要适用于 PUMA、DELTA、SCARA 等标准结构的机器人以及 Traverse、Scissors 等非标准机器人的控制。

HPC 控制器接口示意图如图 8-1 所示，其接口丰富，包含 NCUC 总线接口、EtherCAT 总线接口、LAN 接口、RS232 接口、VGA 接口等，方便用户扩展，接口描述见表 8-2。

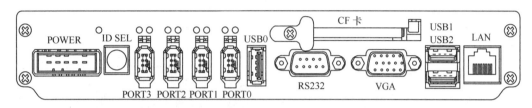
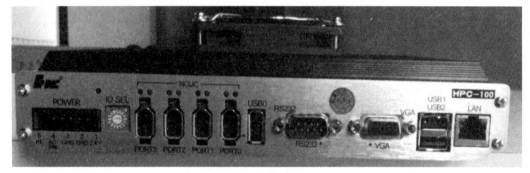

图 8-1 HPC 控制器接口示意图

表 8-2   HPC 控制器接口描述

接口名称	描　　述	接口名称	描　　述
POWER	DC24V 电源接口	RS232	内部使用的串口
ID SEL	设备号选择开关	VGA	内部使用的视频信号口
PORT0~PORT1	NCUC 总线接口	USB1&USB2	内部使用的 USB 接口
LAN2	EtherCAT 总线接口	LAN1	外部标准以太网接口
USB0	外部 USB 接口		

2）伺服驱动器。伺服驱动器是用来控制伺服电动机的一种控制器，应用于高精度的传动系统定位。CDHD 是一款全功能高性能的伺服驱动器，采用创新技术设计制造，具有业界领先的功率密度，具有实时以太网总线接口，采用开放式现场总线 EtherCAT 协议，实现和数控装置高速的数据交换；具有高分辨率绝对式编码器接口，可以适配多种信号类型的编码器。伺服驱动单元连接原理示意图如图 8-2 所示。

3）总线式 I/O 单元。总线式 I/O 单元具有高稳定性、高可靠性的特点。产品经过严

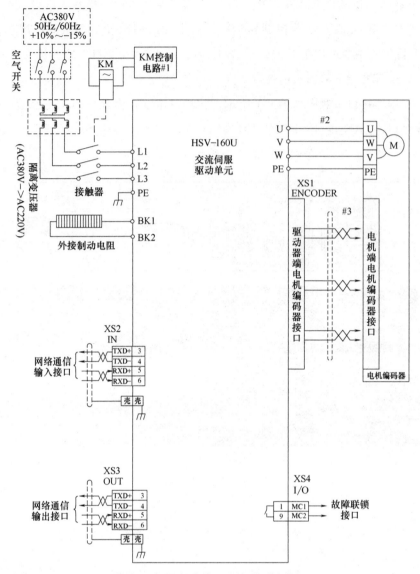

图 8-2 伺服驱动单元连接原理示意图

格的三防处理，具有输入滤波以及掉电保护功能。该 I/O 单元符合 EtherCAT 总线规范，扩展模块可任意配置数字量输入/输出，支持模拟量输入/输出。

功能描述：

① 符合 EtherCAT 总线规范。

② 支持数字量输入/输出模块、模拟量输入/输出模块。

③ 输入/输出模块数量用户自由配置。

④ 输入滤波功能。

⑤ 掉电保护功能。

总线式 I/O 单元配置清单示例见表 8-3。

表 8-3　　　　　　　　　　　　　**HIO1100 总线式 I/O 配置表**

类型	子模块名称	子模块型号	数量/块
底板	9 槽底板子模块	HIO-1108	1
通信	EtherCAT 协议通信子模块	HIO-1161	1
开关量	NPN/PNP 型开关量输入子模块	HIO-1111	3
	NPN 型开关量输出子模块	HIO-1121	3
模拟量	模拟量输入/输出子模块	HIO-1173	1

HIO-1108 型底板子模块可提供 1 个通信子模块插槽和 8 个功能子模块插槽。

HIO-1161 通信子模块：所有接口集中在该通信子模块上，依次为电源接口、Ether-CAT 总线 IN、EtherCAT 总线 OUT。

HIO-1111 开关量输入子模块：提供 16 路开关量输入，输入子模块 NPN 和 PNP 可切换。每个开关量均带指示灯。

HIO-1121 开关量输出子模块：提供 16 路开关量输出，输出子模块为 NPN 接口，每个开关量均带指示灯。

HIO-1173 模拟量输入输出子模块，提供通道的 A/D 信号和通道的 D/A 信号。

4）机器人示教器。华数 HSpad 示教器是常用于华数工业机器人的手持编程器，用户可以通过此示教器实现工业机器人控制系统的主要控制功能。

① 手动控制机器人运动；

② 机器人程序示教编程；

③ 机器人程序自动运行；

④ 机器人程序外部运行；

⑤ 机器人运行状态监视；

⑥ 机器人控制参数查看。

HSpad 的特点如下：

① 采用触摸屏＋周边按键的操作方式；

② 8in 触摸屏；

③ 多组按键；

④ 急停开关；

⑤ 钥匙开关；

⑥ 三段式安全开关；

⑦ USB 接口。

示教器具有手动 T/T2 示教编程模式，自动运行模式和外部运行模式。

5）EtherCAT 总线回路。EtherCAT 总线回路将 HPC、各轴伺服驱动和总线式 I/O 连接通信，如图 8-3 所示。

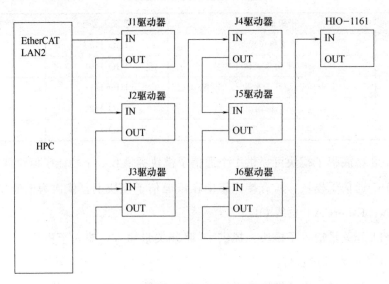

图 8-3　机器人 EtherCAT 总线回路

6）示教器故障代码说明。常见示教器故障代码见表 8-4。

表 8-4　　　　　　　　　　　　　　示教器故障代码

序号	故障说明	原　因	解决对策
1	急停/伺服未使能等报警信息显示"未知报警"	usralmdef. txt 和 alarm-def. txt 文件丢失	拷贝丢失文件到以下 mnt/Sdcard/Machand/DATA
2	示教器网络状态显示"●"	示教器与 IPC 控制通信水晶头接触不良或未插牢固；IP 地址未设置正确	IP 地址：192.168.1.25，子网掩码：255.255.255.0 网关：192.168.1.1
3	轴 1～轴 6 超过"正向软极限"或者"反向软极限"	手动或自动操作时超过了轴参数中正向软限位和反向软限位设定值	增大轴参数中正向软限位和反向软限位设定值： J1 轴参数号：60060/60061 J2 轴参数号：60360/60361 J3 轴参数号：60660/60661 J4 轴参数号：60960/60961 J5 轴参数号：61260/61261 J6 轴参数号：61560/61561 修改自动程序中点位位置
4	轴 1～轴 6"超速报警"	电机运转速度超过轴参数中电机最大转速设定值，默认设定值为 3000r/min	增大轴参数中"电机最大转速"设定值： J1 轴参数号：60081 J2 轴参数号：60381 J3 轴参数号：60681 J4 轴参数号：60981 J5 轴参数号：61281 J6 轴参数号：61581

续表

序号	故 障 说 明	原　因	解 决 对 策
5	"急停报警"信息	示教器"急停按钮"和电柜"急停按钮"按下	旋起 2 个急停按钮,并确认机器人 I/O 盒 X0.0 和 X0.2 有输入信号
6	加载程序时,点击"启动"按钮运行程序,显示"伺服未使能"信息	电柜"伺服使能"按钮未按下	按一下黄色"伺服使能按钮",并且按钮上的黄色指示灯点亮
7	加载程序时,显示"加载程序失败"信息	程序名为中文	修改程序名,以英文字符和数字构成
8	轴 1～轴 6"跟踪误差过大报警"	机器人高速运转时,NCUC 总线系统指令给定和实际反馈存在滞后,出厂设定值:50	增大轴参数中"跟踪误差允许值": J1 轴参数号:60050 J2 轴参数号:60350 J3 轴参数号:60650 J4 轴参数号:60950 J5 轴参数号:61250 J6 轴参数号:61550
9	无报警情况下,示教器手动画面控制某个轴电机,不运转	轴 1～轴 6 某个轴被屏蔽	确认"组参数"中某个轴电机是否屏蔽: J1 轴参数号:30010　1 J2 轴参数号:30011　2 J3 轴参数号:30012　3 J4 轴参数号:30013　4 J5 轴参数号:30014　5 J6 轴参数号:30015　6
10	示教器报"程序启动参数越界"报警信息	点击"指定行",运行起始行中输入数值超过程序的最大行数	修改运行起始的数值
11	示教器报"数据类型不一致"报警信息	位置寄存器 PR 指令操作数类型不一致,应统一为关节位置或直角坐标位置	修改位置寄存器 PR 的数据类型
12	输出信号 Y 不能强制输出	输出信号解锁按钮处于"关"状态	打开解锁按钮,再进行强制输出操作
13	示教器报"子程序嵌套层次过多"报警信息	用户编写程序时,嵌套调用超过 10 层	修改程序编写架构

7) 伺服驱动故障代码说明及处理对策。

驱动器状态 7 段数码管显示。7 段数码管提供了驱动器不同状态的说明,比如运行模式、驱动使能状态以及故障情况等。一般情况下,数码管显示遵从如下规定:

① 小数点:指示驱动器的使能状态,如果点亮说明驱动器被使能。

② 持续点亮的数字:说明当前实施的操作模式。

③ 持续点亮的字母:发出的警告。

④ 闪亮:说明存在故障。

⑤ 按次序点亮的字母与数字:说明存在故障,但以下情况除外:

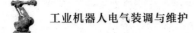

a. Atl 按次序显示表示电动机正在定相（MOTORSETUP）。

b. Atl2 按次序显示表示电流环正在自动调整（CLTUNE）。

c. L1、L2、L3、L4 按次序显示，表示软件和硬件限位开关的状态。

在编码器初始化过程中，一个数字以 0.5s 的时间间隔闪烁，表示当前实施的运行程序同时存在多个故障时，只有一个故障代码会在显示器上显示，显示的是优先级最高的故障。

常见驱动器报警代码处理，见表 8-5。

表 8-5　　　　常见驱动器报警代码处理

报警代码	报警名称	运行状态	解决对策	处理方法
1	主电路欠压	开机时出现	(1)电路板故障 (2)软启动电路故障 (3)整流桥损坏	换伺服驱动器
		电机运行过程中出现	(1)电源容量不够 (2)瞬时掉电	检测电源
9	系统软件过热		(1)电机堵转 (2)电机动力线相序是否正确 (3)电机动力线是否连接牢固	(1)电机相序是否正确 (2)编码器线是否有断线或松动 (3)电机负载是否过大 (4)驱动器参数是否正确
11	系统超速	电机运行过程中出现	输入指令脉冲频率过高	(1)正确设定输入指令脉冲 (2)PA17 号参数设置是否正确
		电机刚启动时出现	驱动器参数设置与所使用的电机及编码器型号不匹配	PA24、PA25、PA26 设置是否正确
			负载惯量过大	(1)减小负载惯量 (2)换更大功率的驱动器和电机
			编码器零点错误	(1)换伺服电机 (2)调整编码器零点
			电机动力线序错误	确认动力线相序
12	跟踪误差过大	开机,通过总线输入位置脉冲指令,电机不转动	驱动器参数设置与所使用的电机及编码器型号不匹配	PA24、PA25、PA26 设置是否正确
			(1)电机动力线相序引线接错 (2)编码器电缆引线接错	正确接线
		电机运行过程中出现	设定位置超差检测范围大小	增加位置超差检测范围
			位置比例增益太小	增大 PA0 参数
			转矩不足	(1)检查转矩限制值 (2)减小负载容量 (3)更换大功率的驱动器和电机

续表

报警代码	报警名称	运行状态	解决对策	处理方法
13	电机过载	开机过程中出现	电路板故障	换伺服驱动器
		开机,通过总线输入位置脉冲指令,电机不转动	驱动器参数设置与所使用的电机及编码器型号不匹配	PA24、PA25、PA26 设置是否正确
			(1)电机动力线相序接错 (2)编码器电缆引线接错	正确接线
			电机抱闸没有打开	检查电机抱闸
			转矩不足	(1)PA18,PA19,PB42 设置是否正确 (2)减小负载容量 (3)更换大功率的驱动器和电机
25	NCUC 通信链路断开错误	开机或运行过程中出现	(1)总线通信断开或不正确 (2)复位驱动单元或系统	
26	电机编码器信号通信故障	开机过程中出现	(1)绝对式编码器通信故障 (2)编码器线缆是否正确连接	(1)检查编码器线 (2)检查电机编码器与驱动器编码器类型是否一致 (3)PA25 参数设置与所用电机编码器是否一致
			编码器坏	更换电机
		运行过程中出现	编码器连接不正常	检查编码器线
			编码器坏	更换电机
34	编码器电池电压低警告	开机过程中出现	电池电压低,或未安装电池	

8.1.3　工业机器人保养

为了达到最佳的工作效率,发挥设备机能的最大化,需要定期地实施充分的检查整备（包括备用设备和闲置设备）。

（1）每日的检查

为了保证焊接质量,在每天工作之前实行。不管每日的操作时间多少都应该实行检查。如果是从白天到夜晚连续动作,至少在操作时间超过 15h 之前实行每日检查。

每日的检查包括以下方面:

1）实施安全装置动作的确认。

① 紧急停止开关（非常规停止开关）。

② 安全插销。

③ 安全用电管。

2）空压系统的检查。

① 空压压力表的标准值指示确认,是否设定在适当值（参考压力：0.5MPa）。

② 气动系统冷凝水的排放，在白班工作结束时，应当将各处（空压机、后冷却器、气罐、管道系统、空气过滤器、干燥器、自动排水器等）冷凝水排放掉，以防夜间温度低于0℃，导致冷凝水结冰；夜间温度下降，会进一步析出冷凝水，故气动装置在每天运转前，也应将冷凝水排出并注意观察自动排水器工作是否正常，气动装置内不应存水过量。

③ 检查空压机是否有异响和异常发热，润滑油位是否正常。

使用电源的气动元件，为防止触电，维护时不要把手及物体放入元件内。不得已时，要先切断电源，确认装置已停止工作，并排放掉残压后才能进行维护。注意不要用手碰高温部位。

3）消耗品的检查和替换。

① 请追查决定熔接用电极头的每回打点数。

② 熔接用电极头达到规定的磨耗量时，请更换新品。

③ 时常保持插入电极的干净。

④ 确认二次电缆的损坏有无。如果发现损坏，请更换新品。

⑤ 检查软管是否有严重的变形。如果发现损害，立刻修理。

⑥ 检查是否有足够的熔接用混合气体。

⑦ 检查熔接用焊枪接头前端是否耗损，且是否发现有焊渣附着在上面；损坏时请更换新品。

4）焊接相关的部分检查。

① 检查在焊接情况方面有无任何的异常。

a. 焊道金属块的形成状况。

b. 是否有黏附着的毛边或灰尘。

c. 焊接是否有多处的空孔发生。

② 请确认打点位置是否错误。

③ 确认熔接二次电缆的安装有没有松弛。

④ 确认插入电极安装是否松弛。

⑤ 确认接头、电极杆、托架位置是否松弛。

5）冷却水相关的检查。

① 检查冷却水是否在流动，流量是否满足使用要求，是否存在过大的压力偏差，流量计确认。

② 检查冷却水是否有任何泄漏。

6）油压系统检查。

① 压力值确认，是否满足使用要求，是否存在过大的压力偏差。

② 油压回路是否存在漏油情况。

7）电路系统的检查。

① 电气设备电压值确认，是否满足设备要求，处于该设备允许偏差值内。

② 电气元件的可视检查，是否存在可见的损坏现象和隐患。问题存在需及时更换。

③ 电气安全执行附件是否保持正确位置。

（2）每周的检查

每周一次，在每日的工作时间达 16～20h 情况下或总工作时间 100～120h 实施周检查。

每周的检查除了每日的检查之外追加下列项目：

1）气压、冷却水及配管的检查。

① 检查是否有空压、油压和冷却水的管路损坏。

② 配管接头（接触接合点、螺钉螺栓接合点、凸缘零件）等是否有松弛。

③ 空压机是否需要补油、传动皮带是否松动、干燥器的露点有无变动、执行元件有无松动处。

④ 空压漏气点的检查，应该在白天工作间隙进行，因为此时环境噪声小，管道内还有一定的空气压力，根据漏气的声音便可判定泄露处。泄露严重的部位必须立即处理，其他泄露处应做好记录，方便以后检修时处理。

2）润滑油的检查。

① 是否有固定量的润滑器在贮存箱内。

② 输油管或排放口等有无任何的阻碍或损坏。

③ 润滑油是否从油箱底座处溢出。

3）各感应器的检查。

① 作业、欠品检知感应器是否正常工作。

② 车种检知感应器是否正常工作。

③ 配线有无任何损坏。

4）电气系统的检查。

① 使用频繁的按钮开关是否损坏和松动，执行按钮是否可靠。

② 电控柜周边环境的清理。电控柜周边严禁放置金属、液体及易燃、易爆、腐蚀性物品。

③ 大功率设备启动电流和工作电流的检查。

5）基准销检查。

① 磨损等于 0.3mm 以上时，请更换成新品。

② 基准销是否有任何的脱落或损坏。

（3）每月的检查

每月检查，在操作时间达 400～500h 情况下，应该实行月检验。

每月的检查：除了每日的检查和每周的检查之外追加下列项目。每月的维护工作应比每日、每周的维护工作更仔细。

1）电气系统的检查。

① 指示灯是否正常照亮显示。

② 有无任何烧坏的指示灯泡（尤其是那些在平常正常时是关闭的指示灯）。

③ 清理主控柜、各工位配电箱、各工位操作箱内部及周围的环境卫生。

④ 检查电控柜的接线是否松脱。

⑤ 各继电器是否松脱。

⑥ 各操作盘上按钮是否松动和损坏。

2）每个仪器的检查。

① 气压检测开关是否工作正常。

② 流量计窗口是否干净。

③ 各处压力表指示值是否在规定范围内。

④ 压力表指示的可靠性，是否能正确指示当前压力值。

3）治具以及设备关系的检查。

① 校准、夹持、压力衬垫等有无磨损。

② 轴承、衬套有无任何的磨损。

③ 齿轮传动装置或齿条装置有无任何的磨损。

④ 剑槽和剑之间是否有有害的间隙。

⑤ 链条和扣链齿轮有无损耗，链条是否有松弛。

⑥ 减速机有没有异音产生或者有无损伤情形。

⑦ 联结器是否有损伤情形。

⑧ 弹簧是否有损伤。

⑨ 吊具的固定零件跟钢丝是否有磨耗，缺陷、变形、缠在一起等情形。

⑩ 装置的习动方面焊接焊渣及灰尘是否附着在上面。

⑪ 冲击缓冲器是否有恰当的动作，或者容器槽内的油量是否恰当。

4）焊接相关的检查。

① 固定焊接变压器的设备螺栓是否有松弛。

② 焊接变压器的一次侧、二次侧是否绝缘正常。

③ 焊接变压器是否有异常的发热。

④ 总线、铜电缆线绝缘是否正常。

⑤ 母线是否有任何的损害或发热。

⑥ 焊接变压器、总线、铜电缆线等的连接处是否有松弛情形。

⑦ 焊钳是否作动不良、安装是否松动及绝缘是否不良。

5）空压设备相关检查。

① 电磁阀、三点组合作动是否有异常，查看电磁阀线圈的温升和电磁阀切换动作是否可靠。

② 空气过滤器的水收集了没有，过滤器两端的压差是否超过允许压降。

③ 真空产生装置运作是否正常，真空吸盘是否有损伤。

④ 仔细检查各处泄漏情况，紧固松动的螺钉和管接头。

⑤ 检查换向阀排除空气的质量，有无冷凝水排出、有无漏气。

⑥ 使压力高于安全阀设定压力，观察安全阀能否溢流。

⑦ 在最高和最低的设定压力下，观察压力开关能否正常接通和断开。

⑧ 空压机进口过滤器网眼是否堵塞。

⑨ 干燥器冷媒压力是否变化、冷凝水排出口温度变化情况，并做好每月记录。

⑩ 未使用工装应每月运行一次。

6）空压调节器的检查。

① 气缸的动作是否平稳，速度及循环周期有无明显的变化，安装螺钉、螺母、拉杆有无松动，气缸安装架有否松动和异常变形，活塞杆连接有无松动，活塞杆部位有无漏气，活塞杆表面有无锈蚀、划伤和磨偏，端部是否出现冲击现象，行程中有无异常，磁性开关动作位置有无偏移，气源是否充足，根据必要实施吸盘、O 型环等部品更换。

② 带制动器气缸的制动器的动作是否正确。

7）开关的检查。

① 限动开关的安装是否有松弛。

② 限动开关与挡块接触是否正确。

③ 限动开关作动是否正常及损伤情形。

④ 接近开关作动是否正常及损伤情形。

⑤ 光电开关作动是否正常及损伤情形。

⑥ 压力开关作动是否正常及损伤情形。

⑦ 流量开关作动是否正常及损伤情形。

⑧ 开关配线是否有损伤情形。

⑨ 有无实行防滴、防水处理。

⑩ 有无任何的焊溅物或灰尘附着在上面。

8）电动马达的相关检查。

① 电动马达的安装是否有松弛。

② 电动马达是否有异常发热、异响、异臭等情况。

③ 马达的刹车运作是否正常。

④ 冷却装置运作是否正常，有无任何的妨碍物在过滤器上。

⑤ 配线的绝缘连接是否正常。

⑥ 确保防滴、防水的环境。

⑦ 备用马达必须每月使用一次。

9）给油或润滑关系的检查。

检查需要油或需要润滑的部分或零件的情况。依照必要供给油或润滑油的补充或者替换新品。

① 齿条或齿轮传动装置。

② 滑动装置金属板或操纵把手的部分磨损。

③ 旋转铰链栓和套管。

④ LM 滑动座架部分操纵。

⑤ 凸轮和滚轴随动件。

⑥ 链条和扣链齿轮。

⑦ 滚筒链条连接器。

⑧ 球状螺旋轴。

⑨ 在轴台区内滑轮组开封轴承。

⑩ 油在齿轮箱中当作速度减压器。

⑪ 凸轮工作面。

⑫ 其他，给油润滑适合的零件。

（4）半年的检查

每半年的检查，工作时间在操作时间达 2400～2500h 情况下应该实施一次。

半年的检查：除了每日的检查，每周的检查和每月的检查之外，追加检查下列项目：

① 对不管固定部分或可动部分的所有的螺栓分别用适当的力道拴紧。

② 在荷重和使用频繁的零件上，确定是否有任何的裂缝或损坏，尤其焊接承担压力部分。

③ 确定装置是否存在变形或从正常适当的位置脱落到外面的情况和隐患。

④ 确定 PLC 的运行稳定性，包括后备电池的检查、通信检查、程序的自检、触摸屏的检查等。

⑤ 检查各控制柜和中继箱内输入输出电源的参数是否符合使用要求，是否存在不正常电压偏差。

⑥ 气、液单元的油应半年至一年更换一次，当油中混入冷凝水等其他物质或变色时，必须更换新油。

（5）年度检查

不管操作时间多寡，整体的检查应该每年实施。

年度检查：每日的检查、每周的检查、每月的检查和半年的检查已经正确实行。除此之外，确定是否错误的部分也已经被维修。

应对各个系统进行年度大修，维修之前应根据各产品样本和使用说明书预先了解元件作用、工作原理和内部零件的运行情况，必要时应参考维修手册。根据故障类型，在拆卸之前，对哪一部分问题较多的应有所估计；维修时，对日常工作中经常出现问题的地方要彻底解决，对重要部位的元件、经常出问题的元件和接近其使用寿命的元件，宜按原样换一个新元件。

 任务总结

本任务主要介绍了工业机器人的电气维护和保养，为了使工业机器人处于一个比较好的运行环境，增加它的运行效率和延长它的使用寿命，应定期对它进行维护和保养。

 练习与训练

工业机器人保养的注意事项有哪些？

参 考 文 献

［1］ 余倩，龚承汉. 工业机器人电气控制与保养［M］. 武汉：华中科技大学出版社，2017.

［2］ 邱庆. 工业机器人拆装与调试［M］. 武汉：华中科技大学出版社，2016.

［3］ 董春利. 工业机器人应用技术［M］. 北京：机械工业出版社，2017.

［4］ 陈晓军. 伺服系统与变频器应用技术［M］. 北京：机械工业出版社，2016.

［5］ 龚奇平. 液压与气动［M］. 北京：机械工业出版社，2012.

［6］ 周奎. 变频器系统运行与维护［M］. 北京：机械工业出版社，2014.